Gymnasiematematik

Bind 4. Trigonometri

Flemming Pedersen og Christian Thybo

BoD - Books on Demand GmbH, Hellerup, Danmark

Forlag: BoD – Books on Demand GmbH, Hellerup, Danmark
Tryk: BoD – Books on Demand GmbH, Norderstedt, Tyskland

ISBN: 9 788743 030799

Illustration på forside: Sten Platz
Layout på omslag: Maria B. P. Pedersen

Indhold

1. Trigonometriens historie

Ordet *trigonometri* betyder egentlig trekantsmåling og blev
første gang brugt i titlen på en bog fra 1595 af Bartholomäus
Pitiscus (1561-1613 f.Kr.), men visse afhængigheder (funktio-
ner) af vinkler blev brugt i Oldtidens Grækenland med forlø-
bere i Ægypten og Babylon.

Trekantsberegninger før ca. 1600 var i det store og hele astro-
nomernes arbejde med *sfæriske trekanter* (dvs. trekanter på
en kugleflade). Landmålerne arbejdede med *plane trekanter*
uden brug af trigonometri, selvom det teoretisk set sagtens
kunne lade sig gøre. Man ved ikke hvorfor, man kun brugte
trigonometri i himlen og ikke på landjorden. Situationen er
den samme i Indien, Kina og Europa.

Uanset om det var trigo-
nometri i himlen eller på
landjorden, så kom man
ingen vegne uden tabel-
ler i en tid fri for com-
putere og lommeregnere.
Man udarbejdede korde-
tabeller, der svarer til vore dages sinustabeller.

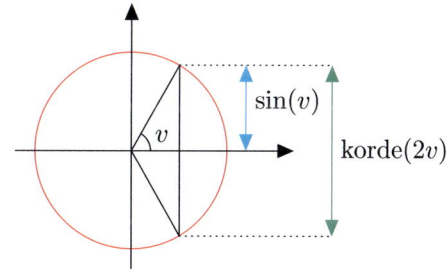

Som det ses på figuren er tabeller over korder nært beslægtet
med sinustabeller. En af de første kordetabeller blev udar-
bejdet af den græske astronom Hipparchos (2. årh f.Kr), som
faktisk angav sine vinkler målt i *radian*, så han bør have æren
for dette vinkelmål, selv om Leonhard Euler (1707-1783) ple-
jer at få det. Hipparchos' tabel blev senere kraftigt forbedret

af Claudios Ptolemaios (ca. 150 e.Kr.)[1].

Navnene sinus, co-sinus og tangens opstod i renæssan-cen (1400-1600), for sinus' vedkommen-de i forbindelse med oversættelse fra ara-bisk til latin. Det var også i renæs-sancen, den nye fysik opstod i kølvandet på en præcis be-skrivelse af bevægelse i tid og rum via det matematiske funk-tionsbegreb. Man brugte også de trigonometriske funktioner i den forbindelse om end lidt senere. I 1700-tallet diskuterede man den svingende streng, og sinuskurver blev efterhånden et uundværligt middel til beskrivelse af periodiske fænomener (svingninger) af enhver art, f.eks. pendulers og violinstrenges svingninger, vekselstrøm, økonomiske konjukturer, antal ma-riehøns, hjertets banken osv.

Hipparchos   Ptolemaios

---

[1]Se Toomer, *The Chord Table of Hipparchus and Early History of Greek Trigonometry*, fra tidsskriftet Centaurus, vol 18 (1973), pp 6-28.

2. Vinkelmål

2.1. Grader

Vi er vant til, at vinkler måles i *grader*. Det går tilbage til babylonierne[2], som satte hele cirklens omkreds til $360°$.

2.2. Vinkel som drejning

I trigonometri opfattes en *vinkel* som en *drejning*[3]. Se på et punkt A, som befinder sig på en cirkel med centrum C og radius r. Antag at A til tiden $t = 0$ befinder sig i punktet A_0. Så kan vi beskrive beliggenheden af A til tiden t, nemlig A_t ved den vinkel $v = \angle A_0 C A_t$, som punktet A har drejet.

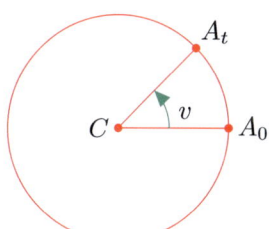

Hvis A drejer mod uret, siger vi, at A drejer i *positiv omløbs-retning*.

Hvis A drejer med uret, siger vi, at A drejer i *negativ omløbs-retning*. Så sætter vi $\angle A_t C A_0 = -v$, hvor $v > 0$

---

[2]Babylonierne brugte 60-talssystemet. Derfor er $1° = 60'$ (læs 60 *bueminutter*) og $1' = 60''$ (læses *buesekunder*).
[3]Se Gymnasiematematik, bind 2, *Geometri* for en anden definition af en vinkel.

To genstande som befinder sig i punktet A_t behøver ikke at have drejet det samme antal grader! F.eks. kan den ene genstand have drejet en omgang mere end den anden. Således svarer punktet A_t til drejninger på $v°$, $v° + 360°$, $v° + 2 \cdot 360°$, ..., $v° + n \cdot 360°$ og til drejninger på $v° - 360°$, $v° - 2 \cdot 360°$, ..., $v° - m \cdot 360°$; altså generelt til drejninger på $v° + p \cdot 360°$, hvor $p \in \mathbb{Z}$ (dvs. p er et helt tal, som angiver antallet af omgange, regnet med fortegn).

Vi vil sige, at punktet A_t er *retningspunkt* for alle drejningerne $v° + p \cdot 360°$, $p \in \mathbb{Z}$. Tilsvarende kaldes enhver af disse drejninger en *retningsvinkel* for A_t

2.3. Radian

I stedet for at angive det antal grader, en genstand har drejet, vil vi ofte måle drejningen ved længden af den strækning på cirkelbuen, genstanden har gennemløbet med cirklens radius som *enhed*. Det tal, som derved fremkommer, kaldes drejningens *måltal* i *radian* eller *rent tal*. Fremover vil tallet blive omtalt som vinklen målt i radian.

Eksempel 2.1

Vinklen $360°$ svarer til en hel drejning på enhedscirklen, dvs. til 2π rad. Altså $360° = 2\pi$ rad eller 2π rad $= 360°$

Bemærkning 2.2

Fremover vil vi bruge symbolet v, når vinklen er målt i grader og symbolet t, når vinklen er målt i radian.

Øvelse 2.3. Beregning af vinkler målt i radian

Find vinklerne i radian

v	360°	180°	90°	45°	30°	22°	15°	720°
t	2π							

Tegn vinklerne ind på en enhedscirkel.

Øvelse 2.4

Bevis sammenhængene

1. Omregning fra grader til radian: $v° = \frac{v}{180} \cdot \pi$ rad

2. Omregning fra radian til grader: t rad $= \frac{t}{\pi} \cdot 180°$

3. Sinus, cosinus og tangens

3.1. Sinus og cosinus

Definition 3.1. Definition af sinus og cosinus

Se på enhedscirklen, dvs. cirklen med radius 1 og centrum i koordinatsystemets begyndelsespunkt O

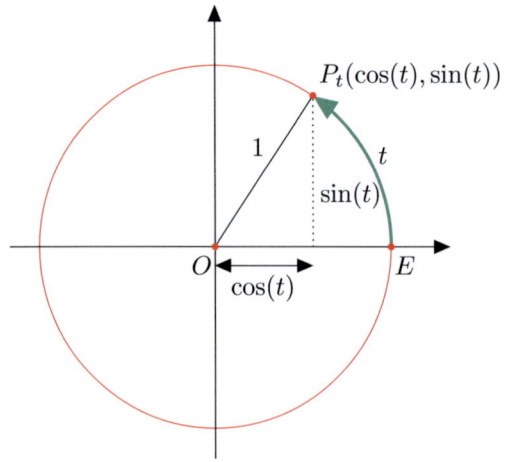

Sæt t til at være en vinkel med retningspunkt P_t som vist. Dvs. $\angle EOP_t = t$ rad og længden af den tilsvarende drejning er t længdeenheder (hvor længdeenheden faktisk er cirklens radius, deraf navnet radian). Så har P_t koordinaterne $P_t(\sin(t), \cos(t))$. Vi har altså

1. *Cosinus* til en vinkel t noteres $\cos(t)$ og defineres som x-koordinaten til retningspunktet P_t for t

2. *Sinus* til en vinkel t noteres $\sin(t)$ og defineres som y-koordinaten til retningspunktet P_t for t

Øvelse 3.2. Fremstilling af sinus- og cosinustabel

1. Udfyld tabellen ved at tegne en enhedscirkel med radius 5cm på millimeterpapir og aflæs koordinaterne til retningspunkterne for de forskellige vinkler. Husk at koordinaterne bør aflæses på en enhedscirkel. Derfor finder vi de ønskede koordinater som koordinat $= \frac{\text{målt afstand}}{5\text{cm}}$

v	0	30	45	60	90	120	135	150	180	210
t	0	$\frac{\pi}{6}$	$\frac{\pi}{4}$						π	
$\cos(t)$	1	0.87							-1	
$\sin(t)$	0	0,50							0	

v	225	240	270	300	315	330	360	390	405	420
t										
$\cos(t)$										
$\sin(t)$										

2. Find ud af, hvordan tabellen kunne udfyldes vha. lommeregner.

3. Tegn graferne for $\cos(t)$ og $\sin(t)$

4. Bevis at $\cos\left(\frac{\pi}{4}\right) = \sin\left(\frac{\pi}{4}\right) = \frac{\sqrt{2}}{2}$

5. Bevis at $\cos\left(\frac{\pi}{6}\right) = \frac{\sqrt{3}}{2}$

Bemærkning 3.3

I øvelse 3.2 har vi også givet mening til $\sin(v°)$

Hvis $v° = t$ rad, har vi nemlig sat $\sin(v°) = \sin(t)$

F.eks. er $\sin(30°) = \sin\left(\frac{\pi}{6}\right) = \frac{1}{2}$

Øvelse 3.4. Eksakte værdier af sinus og cosinus

Tabellen viser eksakte værdier af sinus og cosinus

v	0	30	45	60	90	120	135	150	180	210
t	0	$\frac{\pi}{6}$	$\frac{\pi}{4}$	$\frac{\pi}{3}$	$\frac{\pi}{2}$	$\frac{2\pi}{3}$	$\frac{3\pi}{4}$	$\frac{5\pi}{6}$	π	$\frac{7\pi}{6}$
$\cos(t)$	1	$\frac{\sqrt{3}}{2}$	$\frac{\sqrt{2}}{2}$	$\frac{1}{2}$	0	$-\frac{1}{2}$	$-\frac{\sqrt{2}}{2}$	$-\frac{\sqrt{3}}{2}$	-1	$-\frac{\sqrt{3}}{2}$
$\sin(t)$	0	$\frac{1}{2}$	$\frac{\sqrt{2}}{2}$	$\frac{\sqrt{3}}{2}$	1	$\frac{\sqrt{3}}{2}$	$\frac{\sqrt{2}}{2}$	$\frac{1}{2}$	0	$-\frac{1}{2}$

v	225	240	270	300	315	330	360	390	405	420
t	$\frac{5\pi}{4}$	$\frac{4\pi}{3}$	$\frac{3\pi}{2}$	$\frac{5\pi}{3}$	$\frac{7\pi}{4}$	$\frac{11\pi}{6}$	2π	$\frac{13\pi}{6}$	$\frac{9\pi}{4}$	$\frac{7\pi}{3}$
$\cos(t)$	$-\frac{\sqrt{2}}{2}$	$-\frac{1}{2}$	0	$\frac{1}{2}$	$\frac{\sqrt{2}}{2}$	$\frac{\sqrt{3}}{2}$	1	$\frac{\sqrt{3}}{2}$	$\frac{\sqrt{2}}{2}$	$\frac{1}{2}$
$\sin(t)$	$-\frac{\sqrt{2}}{2}$	$-\frac{\sqrt{3}}{2}$	-1	$-\frac{\sqrt{3}}{2}$	$-\frac{\sqrt{2}}{2}$	$-\frac{1}{2}$	0	$\frac{1}{2}$	$\frac{\sqrt{2}}{2}$	$\frac{\sqrt{3}}{2}$

Bevis rigtigheden af så mange af værdierne som muligt.

Øvelse 3.5. Grundformler for sinus og cosinus

Vis påstandene vha. figuren

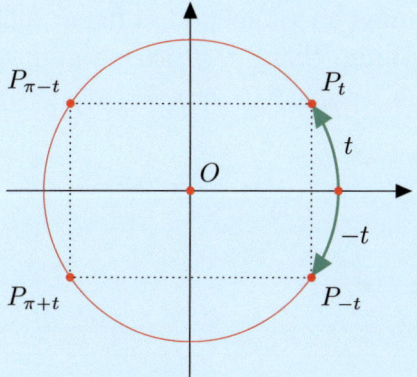

1. **Periodicitet**
   $\cos(t + 2\pi) = \cos(t)$ og $\sin(t + 2\pi) = \sin(t)$

2. **Paritet**
   $\cos(-t) = \cos(t)$ og $\sin(-t) = -\sin(t)$

3. **Supplementvinkler**
   $\cos(\pi - t) = -\cos(t)$ og $\sin(\pi - t) = \sin(t)$

Øvelse 3.6

Sæt $\cos^2(t) = (\cos(t))^2$ og $\sin^2(t) = (\sin(t))^2$ og vis, at
$\cos^2(t) + \sin^2(t) = 1$

Øvelse 3.7. Komplementvinkler

Vis at $\cos\left(\frac{\pi}{2} - t\right) = \sin(t)$ og $\sin\left(\frac{\pi}{2} - t\right) = \cos(t)$

3.2. Tangens

Vi indfører funktionen tangens som løsningen på et problem.

Problem: En ret linje l danner en vinkel på t radianer (eller $v°$) med x-aksens positive retning. Hvad er linjens stigningstal?

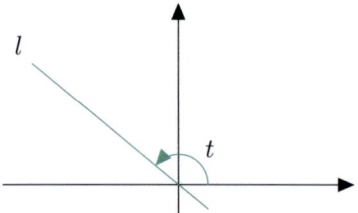

Løsning: Vi må forudsætte, at $t \neq \frac{\pi}{2}$ og $t \neq \frac{3\pi}{2}$ (eller $v \neq 90°$ og $v \neq 270°$), ellers ville linjen være lodret og derfor ikke have et stigningstal.

Parallelle linjer har samme stigningstal, så vi kan uden tab af generalitet gå ud fra, at l går gennem $O(0,0)$. Vi indtegner enhedscirklen.

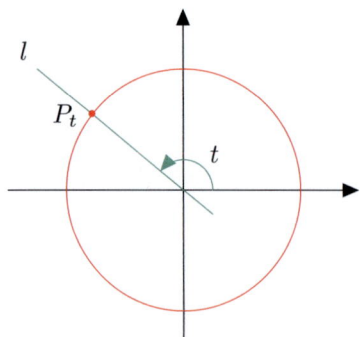

Retningspunktet P_t har koordinaterne $P_t(\cos(t), \sin(t))$

Derfor er stigningstallet for l

$a = \frac{\Delta y}{\Delta x} = \frac{\sin(t)-0}{\cos(t)-0} = \frac{\sin(t)}{\cos(t)}$, hvor $t \neq \frac{\pi}{2}$ og $t \neq \frac{3\pi}{2}$

Motiveret heraf indfører vi en ny funktion.

Definition 3.8. Tangens

Tangens til en vinkel er forholdet mellem sinus til vinklen og cosinus til vinklen for alle vinkler forskellige fra $\frac{\pi}{2}$ plus hele multipla af π

Dvs. $\tan(t) = \frac{\sin(t)}{\cos(t)}$ for $t \in \mathbb{R} \backslash \{\frac{\pi}{2} + p \cdot \pi | p \in \mathbb{Z}\}$

Øvelse 3.9. Eksakte værdier af tangens

Tabellen viser eksakte værdier af tangens.

v	0	30	45	60	90	120	135	150	180	210
t	0	$\frac{\pi}{6}$	$\frac{\pi}{4}$	$\frac{\pi}{3}$	$\frac{\pi}{2}$	$\frac{2\pi}{3}$	$\frac{3\pi}{4}$	$\frac{5\pi}{6}$	π	$\frac{7\pi}{6}$
$\tan(t)$	0	$\frac{\sqrt{3}}{3}$	1	$\sqrt{3}$	--	$-\sqrt{3}$	-1	$-\frac{\sqrt{3}}{3}$	0	$\frac{\sqrt{3}}{3}$

v	225	240	270	300	315	330	360	390	405	420
t	$\frac{5\pi}{4}$	$\frac{4\pi}{3}$	$\frac{3\pi}{2}$	$\frac{5\pi}{3}$	$\frac{7\pi}{4}$	$\frac{11\pi}{6}$	2π	$\frac{13\pi}{6}$	$\frac{9\pi}{4}$	$\frac{7\pi}{3}$
$\tan(t)$	1	$\sqrt{3}$	--	$-\sqrt{3}$	-1	$-\frac{\sqrt{3}}{3}$	0	$\frac{\sqrt{3}}{3}$	1	$\sqrt{3}$

Bevis rigtigheden af så mange af værdierne som muligt.

13

Sætning 3.10. Vinkel mellem en linje og x

Hvis l er en ikke lodret linje, så gælder

1. Hvis l danner vinklen t med x-aksen, så er $a = \tan(t)$

2. Hvis l danner vinklen $v°$ med x-aksen, så er $a = \tan(v°)$

Øvelse 3.11. Egenskab ved tangens

1. Bevis at l's stigningstal også kan bestemmes ud fra retningspunktet $P_{t+\pi}$ for vinklen $t + \pi$
   Hint: Brug tegningen nederst side 12.

2. Begrund herudfra at $\tan(t + \pi) = \tan(t)$
   Dvs. tangens er periodisk med periode π

Øvelse 3.12

Find vinklen mellem linjerne og x-aksen

1. $y = 3x + 2$

2. $y = x - 4$

3. $y = -\frac{1}{2}x + 1$

4. $3x - 2y = 4$

Øvelse 3.13

En linje danner en vinkel på $33°$ med x-aksens positive del og skærer y-aksen i $(0, 4)$. Bestem linjens ligning.

Øvelse 3.14. Vinkler i en trekant

En trekants vinkelspidser er $A(1, 3)$, $B(7, 6)$ og $C(5, 2)$
Beregn trekantens vinkler.

Vi vil gerne forstå, hvordan man aflæser tangens vha. enheds-cirklen. Derfor tegner vi enhedscirklen og en linje l.

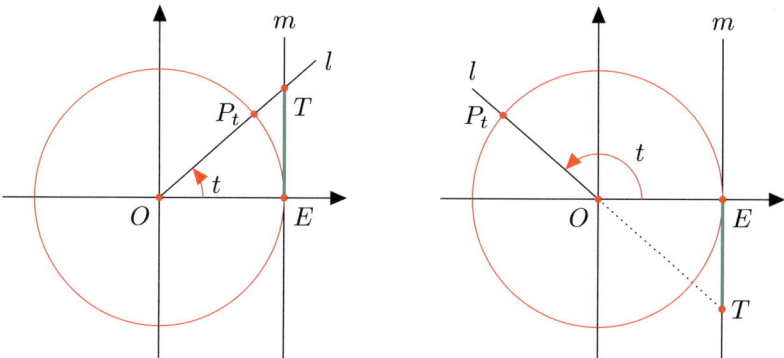

Desuden tegner vi den lodrette tangent m til cirklen i $E(1,0)$ og den vinkel t, som linjen danner med x-aksens positive del. Til venstre er t spids og til højre er t stump.

Retningspunktet P_t for t er skæringspunktet mellem l og en-hedscirklen. Punktet T fremkommer ved at forlænge $\angle EOP_t$'s venstre ben til skæring med m

Så kan tangens til vinklen aflæses som y-koordinaten til T. Med andre ord har T koordinaterne $T(1, \tan(t))$

Linjen l har stigningstallet $a - \tan(t)$ og derfor ligningen $y = \tan(t) \cdot x$. Men $x = 1 \Rightarrow y = \tan(t) \cdot 1 = \tan(t)$. Altså $T(1, \tan(t))$. Dermed får vi:

Tangens til en vinkel aflæses som y-koordinaten til T
Dvs. $T(1, \tan(t))$

Sætning 3.15. Aflæsning af tangens på enhedscirklen

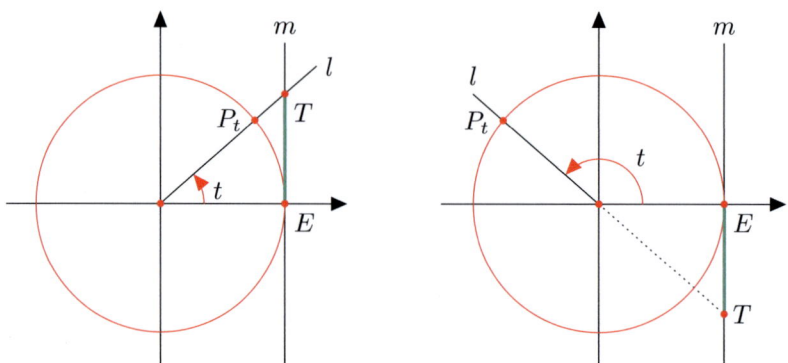

Tangens til en vinkel t er længden af linjestykket fra punktet $E(1,0)$ til skæringspunktet T mellem linjen $x = 1$ og vinklens venstre ben eller dennes forlængdelse.

Dvs. $\tan(t) = ET$ regnet med fortegn.

Øvelse 3.16. Grafen for tangens

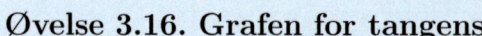

Grafen for tangens (dog kun i 4 perioder) ser sådan ud

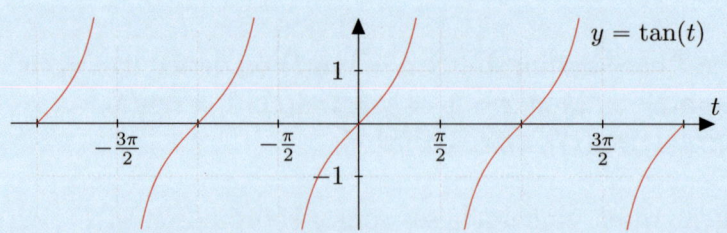

Indse det vha. sætning 3.15.

4. Trigonometriske grundligninger

En *trigonometrisk grundligning* er en ligning på form $\cos(x) = a$, $\sin(x) = a$ eller $\tan(x) = a$, hvor $a \in \mathbb{R}$. Vi skal finde vinklen x, som kan måles i grader eller radian, og som tilhører en grundmængde, vi har valgt.

4.1. Sinus

Eksempel 4.1. Lommeregnerens løsning

Vi løser[4] ligningen $\sin(t) = 0,6$, når $G = \left[-\frac{\pi}{2}; \frac{\pi}{2}\right]$
Vi søger altså alle de vinkler i $\left[-\frac{\pi}{2}; \frac{\pi}{2}\right]$, hvis sinusværdi er $0,6$.
Som det ses på figuren er der netop én løsning, nemlig 0,644.

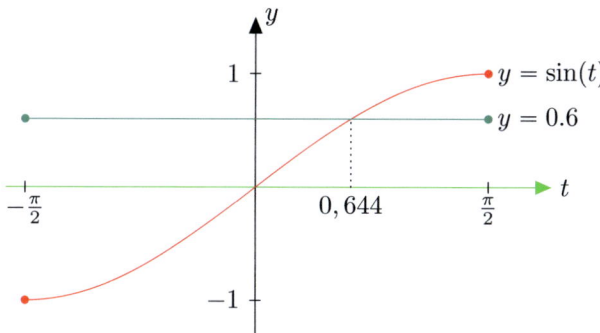

Vi kan finde tallet $0,644$ på lommeregneren ved at skrive $\sin^{-1}(0,6)$.

---

[4]Grunden til, at vi har valgt grundmængden $G = \left[-\frac{\pi}{2}; \frac{\pi}{2}\right]$ er, at lommeregnerens tast $\sin^{-1}$ giver værdier i netop dette interval. I stedet for $\sin^{-1}$ skrives ofte Arcsin.

Øvelse 4.2

1. Vis på lommeregneren at $\sin^{-1}(0,6) = 0,644$

2. Vis også at $\sin(0,644) = 0,6$

Det viser vi på tegningen

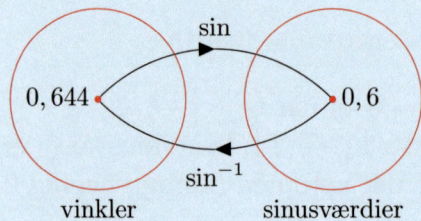

vinkler   sinusværdier

Øvelse 4.3

Løs i intervallet $\left[\frac{-\pi}{2}; \frac{\pi}{2}\right]$ ligningerne

1. $\sin(t) = 0,2$

2. $\sin(t) = -0,3$

3. $\sin(t) = 1,2$

Illustrér på passende vis.

Eksempel 4.4. Generel løsning til $\sin(t) = a$

Vi løser ligningen $\sin(t) = a$, hvor $a \in \mathbb{R}$ for $G = \mathbb{R}$

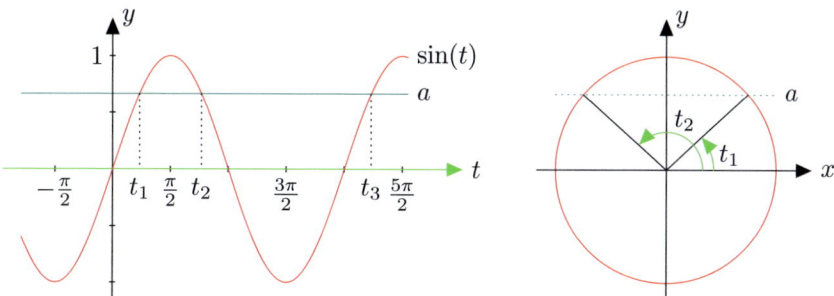

Tilfælde 1. $a \in [-1; 1]$. Først løser vi $\sin(t) = a$ i et interval af længde 2π og indser, at der her er netop to løsninger. Dernæst får vi den fuldstændige løsning ved til hver af disse at lægge alle mulige hele multipla af 2π. Grunden til, at 2π spiller en så central rolle, er, at sinus til en vinkel ikke ændres, når vinklen ændres med 2π, eller sagt på en anden måde: sinus er *periodisk* med periode 2π. I praksis går vi frem sådan

1. Bestem $\sin^{-1}(a)$

2. Bestem $\pi - \sin^{-1}(a)$ (husk, at $\sin(\pi - t) = \sin(t)$).

3. Læg alle heltallige multipla af 2π til løsningerne fundet i 1. og 2.

Vi sammenfatter

$$\sin(t) = a \Leftrightarrow t = \begin{cases} \sin^{-1}(a) + p \cdot 2\pi, p \in \mathbb{Z} \\ \pi - \sin^{-1}(a) + p \cdot 2\pi, p \in \mathbb{Z} \end{cases}$$

19

Tilfælde 2. $a \in \mathbb{R} \backslash [-1; 1]$. Hvis a ikke ligger mellem -1 og 1, så har ligningen ingen løsning. Begrund selv ud fra graf og ud fra enhedscirkel.

Vi kan let oversætte til grader og får:

Metode 4.5

En grundligning med sinus løses ved at huske, at

$$1.\ \sin(t) = a \Leftrightarrow t = \begin{cases} \sin^{-1}(a) + p \cdot 2\pi, p \in \mathbb{Z} \\ \pi - \sin^{-1}(a) + p \cdot 2\pi, p \in \mathbb{Z} \end{cases}$$

$$2.\ \sin(v^\circ) = a \Leftrightarrow v^\circ = \begin{cases} \sin^{-1}(a) + p \cdot 360^\circ, p \in \mathbb{Z} \\ 180^\circ - \sin^{-1}(a) + p \cdot 360^\circ, p \in \mathbb{Z} \end{cases}$$

Følg altid med på både graf og enhedscirkel.

Eksempel 4.6. Generel løsning

Vi løser $\sin(t) = 0.7$ med grundmængde $\mathbb{R}$

1. Skitse af problemet på en enhedscirkel. Vi tegner enhedscirklen sammen med sinusværdien $0,7$

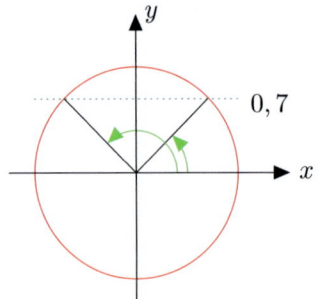

Vi ser, at løsningen til $\sin(t) = 0,7$ svarer til to steder på enhedscirklen, og at der er uendeligt mange løsninger til ligningen, fordi man altid kan finde nye løsninger ved at addere eller subtrahere hele omgange.

2. Detaljeret løsning:

$$\sin(t) \quad = \quad 0,7 \qquad\qquad\qquad \Leftrightarrow$$

$$t \quad = \quad \begin{cases} \sin^{-1}(0,7) + p \cdot 2\pi \\ \pi - \sin^{-1}(0,7) + p \cdot 2\pi \end{cases} \qquad \Leftrightarrow$$

$$t \quad = \quad \begin{cases} 0,78 + p \cdot 2\pi \\ 2,37 + p \cdot 2\pi \end{cases}$$

3. Prøve. Vi indsætter de to løsninger svarende til $p = 0$ i den oprindelige ligning. Kontrollér selv, at

$$\sin(0,78) = \sin(2,37) = 0,7$$

4. Løsningsmængde:

$$L = \{t \in \mathbb{R} | t = 0,78 + p \cdot 2\pi \vee t = 2,37 + p \cdot 2\pi, p \in \mathbb{Z}\}$$

5. **Grafisk løsning.** Vi tegner grafen for $\sin(t)$ sammen med $y = 0,7$

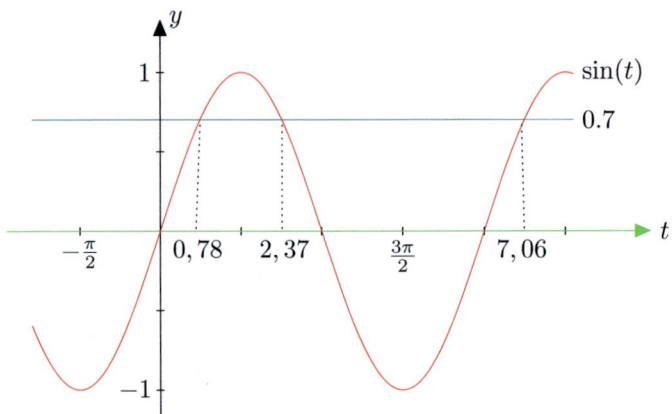

Vi ser på grafen, at de to første løsninger til $\sin(t) = 0,7$ netop er $t = 0,78$ og $t = 2,37$. Vi ser også, at der er uendeligt mange løsninger til ligningen.

Eksempel 4.7. Løsning i et interval.

Vi løser $\sin(t) = -0,4$ i $[-2\pi; 2\pi[$

1. Skitse på enhedscirkel. Overlades til læseren.

$$\sin(t) \quad = \quad -0,4 \qquad\qquad \Leftrightarrow$$

2. Detaljeret løsning. $\qquad t \quad = \quad \begin{cases} \sin^{-1}(-0,4) + p \cdot 2\pi \\ \pi - \sin^{-1}(-0,4) + p \cdot 2\pi \end{cases} \qquad \Leftrightarrow$

$$t \quad = \quad \begin{cases} -0,41 + p \cdot 2\pi \\ 3,55 + p \cdot 2\pi \end{cases}$$

Sæt nu $p = -1$, $p = 0$ og $p = 1$. Så får vi

p	$-0,41 + p \cdot 2\pi$	$3,55 + p \cdot 2 \cdot \pi$
-1	$-6,69$	$-2,73$
0	$-0,41$	$3,55$
1	$5,87$	$9,84$

Eksempelvis får vi løsningen 5,87 ved at indsætte tallet $p = 1$:
$-0,41 + 1 \cdot 2\pi = \underline{5,87}$

Husk at grundmængden var $[-2\pi; 2\pi[\approx [-6,28; 6,28[$
Derfor forkaster vi løsningerne $-6,69$ og $9,84$

3. Prøve. Indsæt løsningerne i den oprindelige ligning. Dvs. kontrollér at

$$\sin(-2,73) = \sin(-0,41) = \sin(3,55) = \sin(5,87) = -0,4$$

4. Løsningsmængde. Løsningerne til $\sin(t) = -0,4$ i $[-2\pi; 2\pi[$ er $L = \{-2.73; -0.41; 3.55; 5.87\}$

5. Grafisk løsning. Tegn selv grafen for $\sin(t)$ sammen med funktionen $y = -0,4$ begge i intervallet $[-2\pi; 2\pi[$ og kontrollér løsningerne herpå.

Øvelse 4.8

Løs følgende ligninger

1. $\sin(t) = 0,2$ for $t \in \mathbb{R}$

2. $\sin(v^\circ) = 0,9$ for $v \in \mathbb{R}$

3. $\sin(t) = -0,7$ for $t \in \mathbb{R}$

4. $\sin(v^\circ) = -0,3$ for $v \in \mathbb{R}$

5. $\sin(t) = 0$ for $t \in \mathbb{R}$

6. $\sin(t) = 0,34$ for $t \in [0; 2\pi[$

7. $\sin(v^\circ) = -0,46$ for $v \in [-360; 360[$

8. $\sin(t) = -1$ for $t \in [-\pi; \pi[$

9. $\sin(v^\circ) = 0,265$ for $v \in [-720; 720[$

4.2. Cosinus

Ligesom ved sinus begynder vi med et eksempel.

Eksempel 4.9. Lommeregnerens løsning

Ligningen $\cos(t) = 0,6$ løses[5], når $G = [0; \pi]$

Vi søger altså alle de vinkler i $[0; \pi]$, hvis cosinusværdi er $0,6$

Som det ses på figuren, er der netop én løsning, nemlig $0,927$

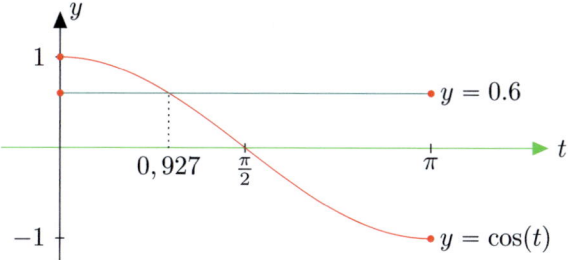

Vi kan finde tallet $0,927$ på lommeregneren ved at skrive $\cos^{-1}(0,6)$

---

[5]Grunden til, at vi har valgt grundmængden $G = [0; \pi]$ er, at lommeregnerens tast $\cos^{-1}$ giver værdier i netop dette interval. I stedet for $\cos^{-1}$ skrives ofte Arccos.

25

Øvelse 4.10

1. Find $\cos^{-1}$ på din lommeregner og vis at
   $$\cos^{-1}(0,6) = 0,927$$

2. Vis ligeledes at $\cos(0,927) = 0,6$

Det viser vi på tegningen herunder.

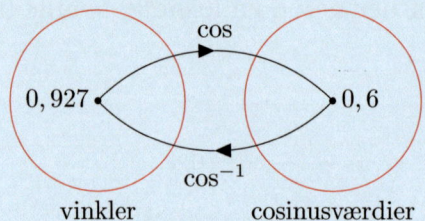

Øvelse 4.11

Løs i intervallet $[0;\pi]$ ligningerne

1. $\cos(t) = 0,2$

2. $\cos(t) = -0,3$

3. $\cos(t) = 1,2$

Illustrér på passende vis.

Eksempel 4.12. Generel løsning til $\cos(t) = a$

Vi løser $\cos(t) = a$, hvor $a \in \mathbb{R}$ og $G = \mathbb{R}$

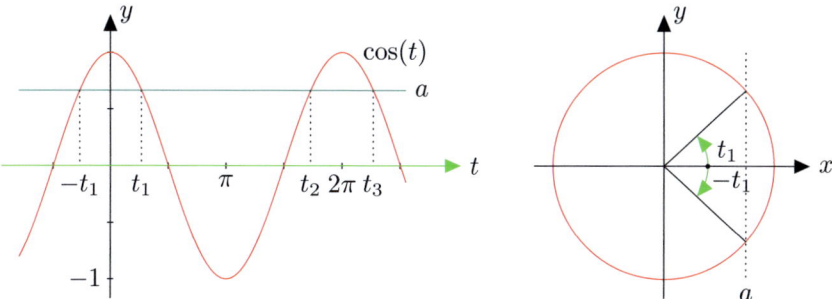

Tilfælde 1. $a \in [-1; 1]$. Først løser vi ligningen $\cos(t) = a$ i et interval af længden 2π og indser, at der her er netop to løsninger. Dernæst fås den fuldstændige løsning ved til hver af disse at lægge alle mulige hele multipla af 2π. Grunden til, at 2π spiller en så central rolle, er, at cosinus til en vinkel ikke ændres, når vinklen ændres med 2π.

I praksis går vi frem sådan:

1. $\cos^{-1}(a)$ bestemmes.

2. $-\cos^{-1}(a)$ bestemmes (husk, at $\cos(-t) = \cos(t)$).

3. Læg alle multipla af 2π til løsningerne fundet i 1. og 2.

Det kan sammenfattes:

$$\cos(t) = a \Leftrightarrow t = \begin{cases} \cos^{-1}(a) + p \cdot 2\pi, p \in \mathbb{Z} \\ -\cos^{-1}(a) + p \cdot 2\pi, p \in \mathbb{Z} \end{cases}$$

27

Tilfælde 2. $a \in \mathbb{R} \setminus [-1; 1]$. Her er der ingen løsning. $L = \varnothing$
Begrund selv ud fra graf og ud fra enhedscirkel.

Problemet kan let oversættes til regning med grader:

Metode 4.13

En grundligning med cosinus løses ved at huske, at

$$1. \ \cos(t) = a \Leftrightarrow t = \begin{cases} \cos^{-1}(a) + p \cdot 2\pi, p \in \mathbb{Z} \\ -\cos^{-1}(a) + p \cdot 2\pi, p \in \mathbb{Z} \end{cases}$$

$$2. \ \cos(v) = a \Leftrightarrow v = \begin{cases} \cos^{-1}(a) + p \cdot 360°, p \in \mathbb{Z} \\ -\cos^{-1}(a) + p \cdot 360°, p \in \mathbb{Z} \end{cases}$$

Følg altid med på både graf og enhedscirkel.

Eksempel 4.14. Generel løsning

Vi løser $\cos(t) = 0.7$ med grundmængde $\mathbb{R}$

1. Skitse af problemet på en enhedscirkel. Vi tegner enhedscirklen tegnet sammen med cosinusværdien $0,7$

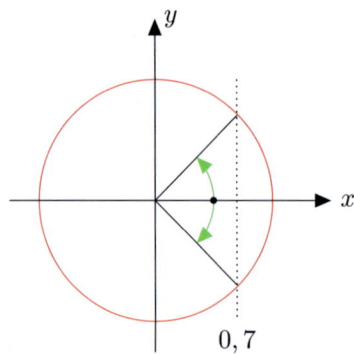

$0,7$

28

Vi ser, at løsningen til ligningen $\cos(t) = 0,7$ svarer til to steder på enhedscirklen, og at der er uendeligt mange løsninger til ligningen, idet man kan finde nye løsninger ved at addere eller subtrahere hele omgange.

2. Detaljeret løsning.

$$\cos(t) \quad = \quad 0,7 \qquad\qquad\qquad\qquad \Leftrightarrow$$

$$t \quad = \quad \begin{cases} \cos^{-1}(0,7) + p \cdot 2\pi \\ -\cos^{-1}(0,7) + p \cdot 2\pi \end{cases} \quad \Leftrightarrow$$

$$t \quad = \quad \begin{cases} 0,80 + p \cdot 2\pi \\ -0,8 + p \cdot 2\pi \end{cases}$$

3. Prøve. De to løsninger svarende til $p = 0$ indsættes i den oprindelige ligning. Kontrollér selv, at

$$\cos(0,80) = \cos(0.80) = 0,7$$

4. Løsningsmængde:

$$L = \{t \in \mathbb{R} | t = 0,80 + p \cdot 2\pi \vee t = -0.80 + p \cdot 2\pi, p \in \mathbb{Z}\}$$

5. Grafisk løsning. Figuren viser grafen for $\cos(t)$ sammen med linjen $y = 0,7$

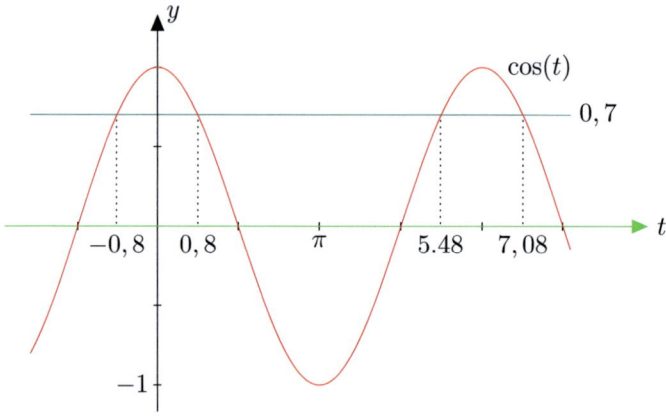

Vi ser, at de to første løsninger til ligningen
$\cos(t) = 0,7$ netop er $-0,80$ og 0.80. Det ses også, at der er uendeligt mange løsninger.

Eksempel 4.15. Løsning i et interval

Vi løser $\cos(t) = -0,4$ i intervallet $[-2\pi; 2\pi[$

1. Skitse på enhedscirkel. Overlades til læseren.

2. Detaljeret løsning.

$$\cos(t) = -0,4 \qquad\qquad\qquad \Leftrightarrow$$

$$t = \begin{cases} \cos^{-1}(-0,4) + p \cdot 2\pi \\ -\cos^{-1}(-0,4) + p \cdot 2\pi \end{cases} \qquad \Leftrightarrow$$

$$t = \begin{cases} 1.98 + p \cdot 2\pi \\ -1,98 + p \cdot 2\pi \end{cases}$$

Sæt nu $p = -1$, $p = 0$ og $p = 1$. Så får vi

p	$-1,98 + p \cdot 2\pi$	$1,98 + p \cdot 2\pi$
-1	$-8,27$	$-4,30$
0	$-1,98$	$1,98$
1	$4,30$	$8,27$

Eksempelvis får vi løsningen $4,30$ ved at indsætte tallet $p = 1$:
$-1,98 + 1 \cdot 2\pi = \underline{4,30}$

Husk at grundmængden var $[\ 2\pi; 2\pi[\approx [-6,28; 6,28[$
Derfor forkastes løsningerne $-8,27$ og $8,27$

31

3. Prøve. Indsæt løsningerne. Dvs. kontrollér, at

$$\cos(-4,30) = \cos(-1,98) = \cos(1,98) = \cos(4,30) = -0,4$$

4. Løsningsmængde. $L = \{-4,30; -1,98; 1,98; 4,30\}$

5. Grafisk løsning. Overlades til læseren. Tegn grafen for $\cos(t)$ sammen med funktionen $y = -0,4$ begge i intervallet $[-2\pi; 2\pi[$ og kontrollér løsningerne herpå.

Øvelse 4.16

Løs ligningerne.

1. $\cos(t) = 0,3$ for $t \in \mathbb{R}$

2. $\cos(t) = -0,6$ for $t \in \mathbb{R}$

3. $\cos(t) = 1$ for $t \in \mathbb{R}$

4. $\cos(t) = 0,47$ for $t \in [0; 2\pi[$

5. $\cos(v°) = -0,68$ for $v \in [-360; 180[$

6. $\cos(t) = 0$ for $t \in [-\pi; 2\pi[$

7. $\cos(v°) = 0,65$ for $v \in [-720; 720[$

4.3. Tangens

Ligesom i afsnittene om trigonometriske grundligninger med sinus og cosinus vil vi også her begynde med et eksempel.

Eksempel 4.17. Lommeregnerens løsning

Vi løser[6] $\tan(t) = 1, 2$, når $G = \left]-\frac{\pi}{2}, \frac{\pi}{2}\right[$

Vi søger alle de vinkler i $\left[-\frac{\pi}{2}, \frac{\pi}{2}\right]$, hvis tangensværdi er $1, 2$

Som det ses på figuren er der netop én løsning, nemlig $0, 876$

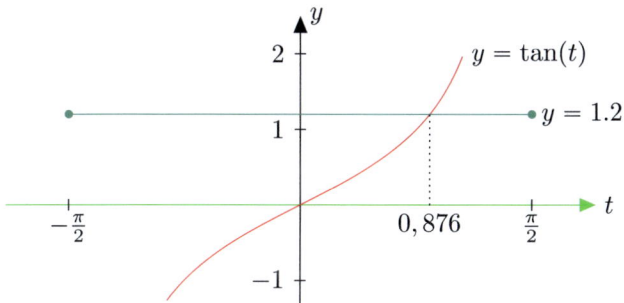

Lommeregneren giver os præcis denne løsning, som på *lommeregnersprog* hedder $\tan^{-1}(1, 2)$, jævnfør fodnoten nedenfor.

---

[6]Grunden til, at vi har valgt grundmængden $G = \left]-\frac{\pi}{2}, \frac{\pi}{2}\right[$ er, at lommeregnerens tast $\tan^{-1}$ giver værdier i netop dette interval. I stedet for $\tan^{-1}$ skrives ofte Arctan.

Øvelse 4.18

1. Find $\tan^{-1}$ på din lommeregner og vis at
   $\tan^{-1}(1,2) = 0,876$

2. Vis ligeledes at $\tan(0,876) = 1,2$

Det viser vi på tegningen:

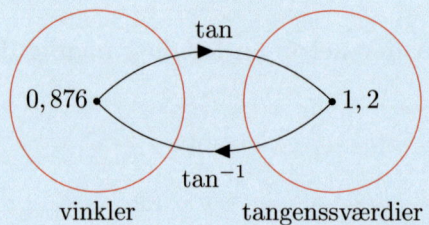

Øvelse 4.19

Løs i intervallet $]-\frac{\pi}{2}, \frac{\pi}{2}[$ ligningerne:

1. $\tan(t) = 0,2$

2. $\tan(t) = 1,7$

3. $\tan(t) = 0$

Illustrér på passende vis.

Eksempel 4.20. Generel løsning til $\tan(t)=a$

Vi løser $\tan(t) = a$, hvor $a \in \mathbb{R}$ og $G = \mathbb{R}\backslash\{\frac{\pi}{2} + p\pi | p \in \mathbb{Z}\}$

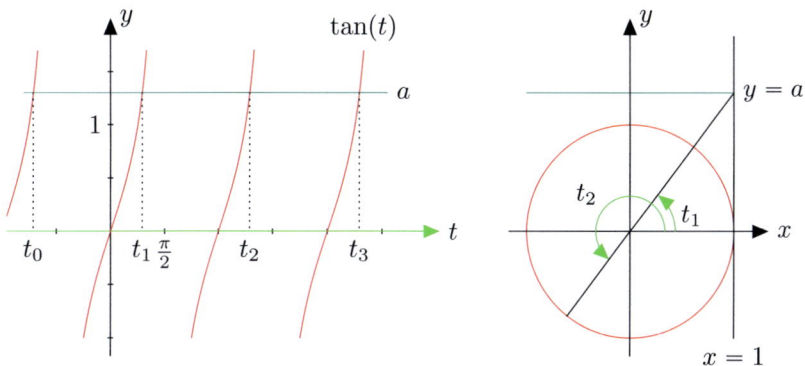

Først findes en løsning til ligningen $\tan(t) = a$.
Dernæst fås den fuldstændige løsning ved til den allerede fundne løsning at lægge alle mulige hele multipla af π.
Tallet π spiller en central rolle, fordi tangens til en vinkel ikke ændres, når vinklen ændres med π.

Det sammenfattes: $\tan(t) = a \Leftrightarrow t = \tan^{-1}(a) + p \cdot \pi, \pi \in \mathbb{Z}$

Vi kan let oversætte problemet til regning med grader og får:

Metode 4.21

Man løser trigonometriske grundligninger med tangens ved at huske, at

1. $\tan(t) = a \Leftrightarrow t = \tan^{-1}(a) + p \cdot \pi, p \in \mathbb{Z}$

2. $\tan(v^\circ) = a \Leftrightarrow v^\circ = \tan^{-1}(a) + p \cdot 180^\circ, p \in \mathbb{Z}$

Følg altid med på både graf og enhedscirkel.

Eksempel 4.22. Generel løsning

Ligning $\tan(t) = 0,7$ med grundmængden $\mathbb{R}$ løses.

1. **Skitse på enhedscirkel.** Vi tegner enhedscirklen sammen med tangensværdien $0,7$. Det ses, at løsningen til $\tan(t) = 0,7$ svarer til to steder på enhedscirklen, og at der er uendeligt mange løsninger til ligningen, idet man kan finde nye løsninger ved at addere eller subtrahere halve omgange.

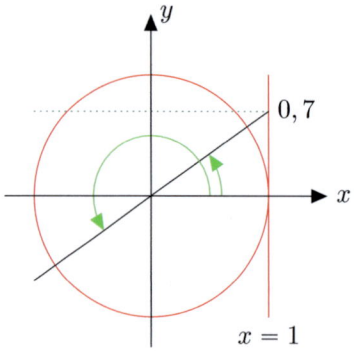

2. **Detaljeret løsning.**

$$\tan(t) = 0,7 \Leftrightarrow t = \tan^{-1}(0,7) + p \cdot \pi = \underline{0,611 + p \cdot \pi}$$

3. **Prøve.** Løsningen svarende til $p = 0$ indsættes.
Kontrollér selv at $\tan(0,611) = 0,7$

4. **Løsningsmængde.** $L = \underline{\underline{\{t \in \mathbb{R} | t = 0,611 + p \cdot \pi, p \in \mathbb{Z}\}}}$

5. Grafisk løsning. Figuren viser grafen for tan(t) tegnet for fire perioder sammen med linjen $y = 0,7$

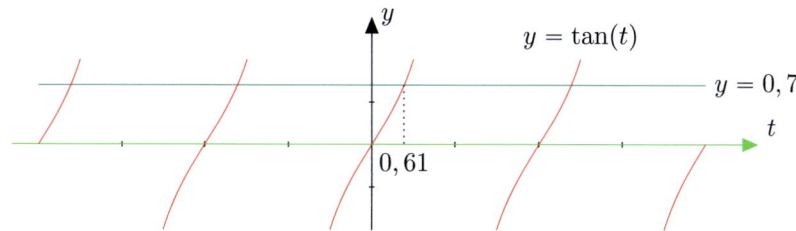

Vi ser på grafen, at en af løsningerne til tan(t) = 0,7 netop er 0,611. Det ses også, at der er uendeligt mange løsninger til ligningen.

Eksempel 4.23. Løsning i et interval

Vi løser tan(t) = $-0,4$ i intervallet $[-2\pi; 2\pi[$

1. Skitse på enhedscirkel. Overlades til læseren.

2. Detaljeret løsning. $\tan(t) = -0,4 \Leftrightarrow t = \tan^{-1}(-0,4) + p \cdot \pi = \underline{-0,381 + p \cdot \pi}$

Sæt nu $p = -2$, $p = -1$, ..., $p = 3$, så får vi løsningerne

$-6,664$; $-3,522$; $-0,381$; $2,761$; $5,903$ og $9,044$

Heraf kasseres den første og den sidste værdi, fordi de ikke er i grundmængden.

3. Prøve. Indsæt løsningerne. Dvs. kontrollér at

$$\tan(-6,63) = \tan(-0,38) = \tan(2,76) = \tan(5,90) = -0,4$$

4. Løsningsmængde. $\underline{\underline{L = \{-6,664; -0,381; 2,761; 5,903\}}}$

5. Grafisk løsning. Tegn grafen for $\tan(t)$ og linjen $y = -0,4$ i intervallet $[-2\pi; 2\pi[$ og kontrollér løsningerne herpå.

Øvelse 4.24

Løs ligningerne

1. $\tan(t) = 0,3$

2. $\tan(v^\circ) = 0,6$

3. $\tan(t) = 2,3$

4. $\tan(t) = 0,7$ hvor $t \in [0; 2\pi[\setminus \{\frac{\pi}{2}, \frac{3\pi}{2}\}$

5. $\tan(v^\circ) = -0,81$, hvor
   $v \in]-360; 180[\setminus \{-270, -90, 90\}$

6. $\tan(t) = 1$, hvor $t \in [-\pi; 2\pi[\setminus \{\frac{-\pi}{2}, \frac{\pi}{2}, \frac{3\pi}{2}\}$

7. $\tan(v^\circ) = 0,567$, hvor
   $v \in]-360; 720[\setminus \{-270 + p \cdot 180 | p = 0, 1, 2, 3, 4, 5\}$

5. Retvinklet trekant

5.1. Sinus, cosinus og tangens

Det er ved hjælp af de tre funktioner, vi indførte i kapitel 3, muligt at finde sider og vinkler i trekanter. Vi ser først på retvinklede trekanter.

Tegningen viser en retvinklet trekant ABC med hypotenuse c og kateter a og b

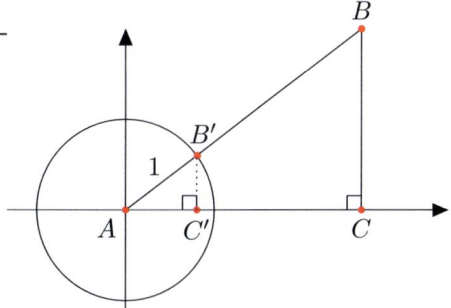

Vi indlægger et koordinatsystem med begyndelsespunkt i A og x-akse i samme retning som AC.

Så tegner vi en enhedscirkel også med centrum i A

Kald skæringspunktet mellem enhedscirklen og AB for B'
Endelig skal B''s projektion på x-aksen hedde C'

Nu er B' retningspunkt for $\angle A$, så B' har koordinaterne $B'(\cos(A), \sin(A))$. Dvs. $|AC'| = \cos(A)$ og $|C'B'| = \sin(A)$

Vi ser, at $\triangle ABC$ og $\triangle AB'C'$ er ensvinklede

Men så er forholdet mellem de to trekanters sider konstant[7]

---

[7]Se Gymnasiematematik, bind 2, *Geometri* om ensvinklede trekanter.

$$\triangle ABC \sim \triangle AB'C' \Leftrightarrow \frac{|AC'|}{|AC|} = \frac{|C'B'|}{|CB|} = \frac{|AB'|}{|AB|}$$

Vi får $\frac{\cos(A)}{b} = \frac{\sin(A)}{a} = \frac{1}{c}$

Af $\frac{\cos(A)}{b} = \frac{1}{c}$ får vi $\cos(A) = \frac{b}{c}$

Af $\frac{\sin(A)}{a} = \frac{1}{c}$ får vi $\sin(A) = \frac{a}{c}$

Af definitionen på tangens får vi $\tan(A) = \dfrac{\sin(A)}{\cos(A)} = \dfrac{\frac{a}{c}}{\frac{b}{c}} = \dfrac{a}{b}$

Tænk efter 5.1

Overvej at $\cos(B) = \frac{a}{c}$ og opskriv selv udtryk for $\sin(B)$ og $\tan(B)$

Bemærkning 5.2

Det viser sig upraktisk at huske formlerne for sinus, cosinus og tangens på denne måde. Derfor giver vi siderne navn ud fra den vinkel, som vi bruger cosinus, sinus eller tangens på.

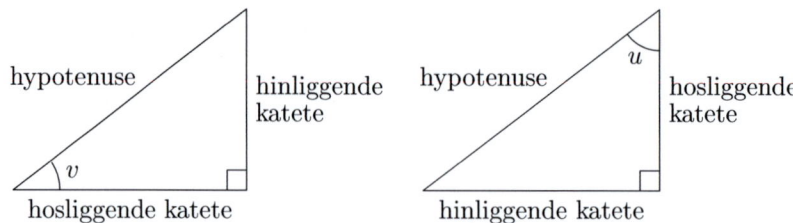

Placeringen af hosliggende og hinliggende katete afhænger af, hvilken vinkel man går ud fra! Se NØJE på tegningen.

Læg mærke til at den katete, der ligger *hos* vinklen, kaldes den *hosliggende* katete , og den *anden* katete kaldes den *hinliggende* katete. Når vi vælger det gamle ord *hin*, her i betydningen *den anden*, så bliver formlerne for sinus, cosinus og tangens lette at huske (i stedet for hinliggende bruges traditionelt modstående katete).

Sætning 5.3

Hvis $\triangle ABC$ er retvinklet med $\angle C = 90°$, så gælder

1. Cosinus til en spids vinkel er forholdet mellem den hosliggende katete og hypotenusen: $\cos(v) = \frac{\text{hos}}{\text{hyp}}$

2. Sinus til en spids vinkel er forholdet mellem den hinliggende katete og hypotenusen: $\sin(v) = \frac{\text{hin}}{\text{hyp}}$

3. Tangens til en spids vinkel er forholdet mellem den modstående og den hosliggende katete: $\tan(v) = \frac{\sin(v)}{\cos(v)} = \frac{\text{hin}}{\text{hos}}$

Læg mærke til rimene i formlerne. De er lette at huske[8].

---

[8]I andre bøger kaldes den hinliggende katete traditionelt den hosliggende. Vi bruger ordet hinliggende af pædagogiske årsager. Formlerne er meget lette at huske.

5.2. Bestemmelse af sider og vinkler

Eksempel 5.4. Bestemmelse af sider

Vi ser på $\triangle PQR$ og viser to tilfælde.

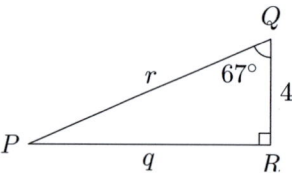

1. Siden q bestemmes **(den ukendte side i tælleren)**. Læg mærke til at vi vil finde den til $\angle Q$ *hinliggende katete* vha. den til $\angle Q$ *hosliggende katete*. Derfor bruger vi tangens til at finde q:

$$\tan(67°) = \tfrac{q}{4} \Leftrightarrow q = 4 \cdot \tan(67°) = \underline{\underline{9,423}}$$

2. Siden r bestemmes **(den ukendte side i nævneren)**. Læg mærke til at vi vil finde *hypotenusen* vha. den til $\angle Q$ *hosliggende katete*. Derfor bruger vi cosinus til at bestemme r:

$$\cos(67°) = \tfrac{4}{r} \Leftrightarrow r \cdot \cos(67°) = 4 \Leftrightarrow r = \tfrac{4}{\cos(67°)} = \underline{\underline{10,24}}$$

Øvelse 5.5

Kontrollér de to resultater fra eksempel 5.4 vha. Pythagoras' sætning.

42

Eksempel 5.7. Bestemmelse af vinkel

Vi vil finde vinkel S i ΔRST

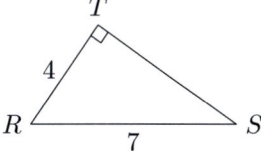

Læg mærke til at vi vil finde $\angle S$ vha. dens *hinliggende katete* og *hypotenusen*. Derfor bruger vi sinus

$$\sin(S) = \tfrac{4}{7} \Rightarrow S = \sin^{-1}\left(\tfrac{4}{7}\right) = \underline{\underline{34,85°}}$$

Øvelse 5.10

I en retvinklet trekant ABC er $\angle C = 90°$
Beregn de manglende sider og vinkler når

1. $a = 3$, $c = 5$
2. $a = 3,51$; $b = 3,99$
3. $b = 8$, $c = 13$

4. $c = 10$; $\angle A = 23,2$
5. $\angle A = 30°$; $b = 25,2$
6. $a = 1$, $b = 1$

Øvelse 5.11

Skitsér trekanterne og find resterende sider og vinkler.

1. I $\triangle ABC$ er $A = 90°$, $B = 35°$ og $c = 11$

2. I $\triangle PLM$ er $P = 90°$, $L = 30°$ og $m = 12$

3. I $\triangle CKP$ er $C = 90°$, $k = 24$ og $P = 14°$

4. I $\triangle HSP$ er $H = 31°$, $S = 90°$ og $p = 4$

5. I $\triangle STN$ er $N = 90°$, $n = 13$ og $S = 22°$

6. I $\triangle FRN$ er $F = 90°$, $N = 18°$ og $n = 12$

7. I $\triangle NLM$ er $N = 90°$, $n = 14$ og $m = 2$

Øvelse 5.12 💻

Beregn alle sider og vinkler.

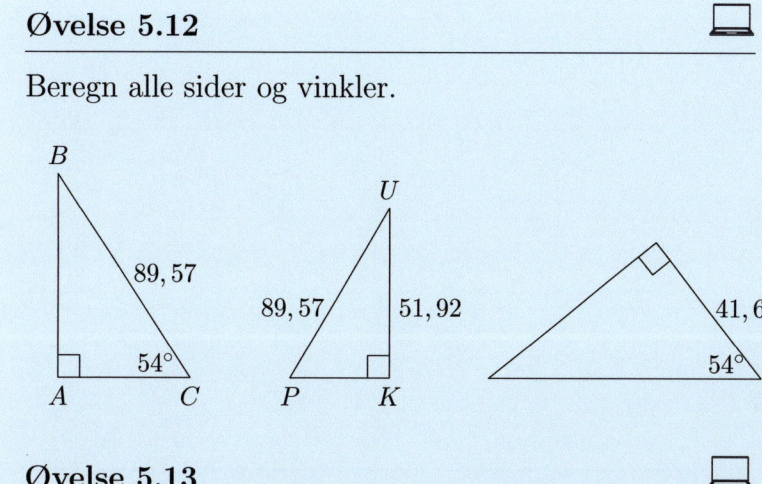

Øvelse 5.13 💻

Læg et stykke papir ovenpå tabellen (på næste side) så du først ser facit til en opgave, når du har regnet den. Find de manglende sider og vinkler i trekanten. Hvis du vil være god til det, så giv trekantens vinkelspidser forskellige navne for hver ny trekant.[a]

---

[a]Opgaven er taget fra Marianne Ibsen m.fl., *Programmerede opgaver i matematik med elevsvar.*

Opgave	Facit til foregående opgave

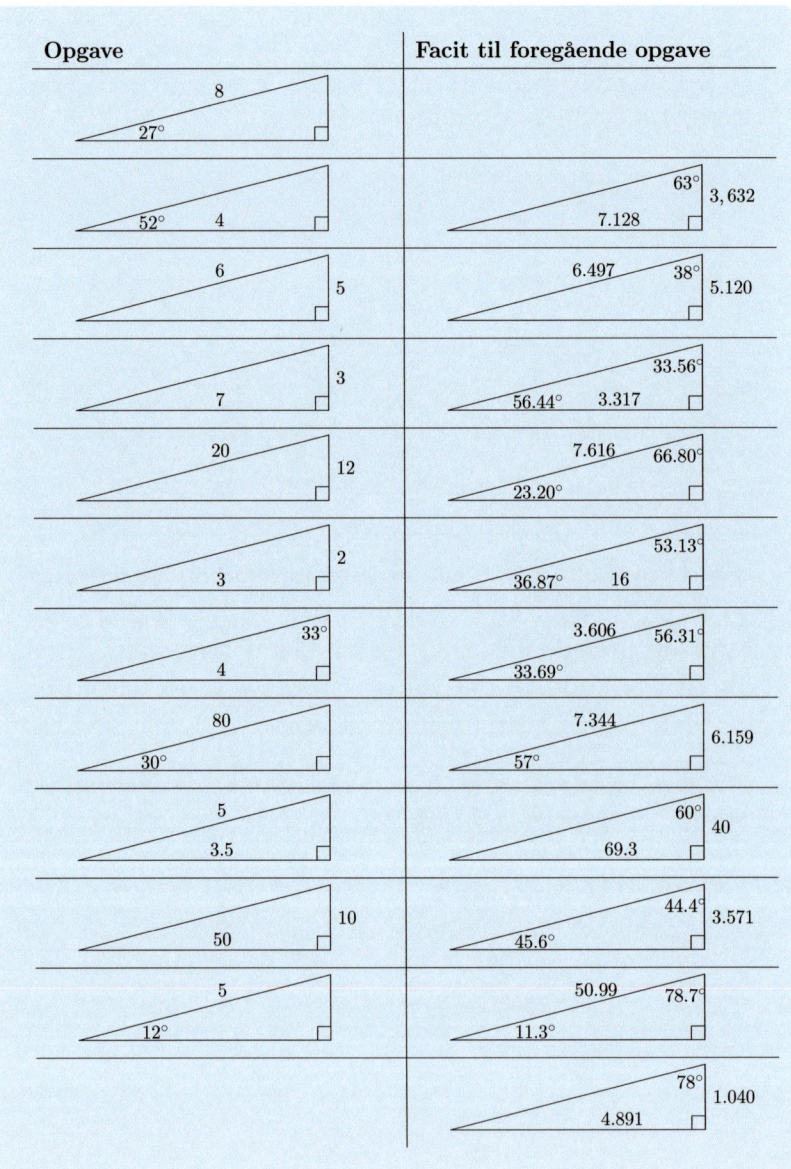

Opgave	Facit til foregående opgave
8, 27°	
52°, 4	63°, 3,632, 7.128
6, 5	6.497, 38°, 5.120
3, 7	33.56°, 56.44°, 3.317
20, 12	7.616, 66.80°, 23.20°
2, 3	53.13°, 36.87°, 16
33°, 4	3.606, 56.31°, 33.69°
80, 30°	7.344, 6.159, 57°
5, 3.5	60°, 40, 69.3
10, 50	44.4°, 3.571, 45.6°
5, 12°	50.99, 78.7°, 11.3°
	78°, 1.040, 4.891

46

6. Vilkårlige trekanter

6.1. Sinusrelationerne

Vi indleder med en øvelse.

Øvelse 6.1

Find alle sider og vinkler i trekanten.

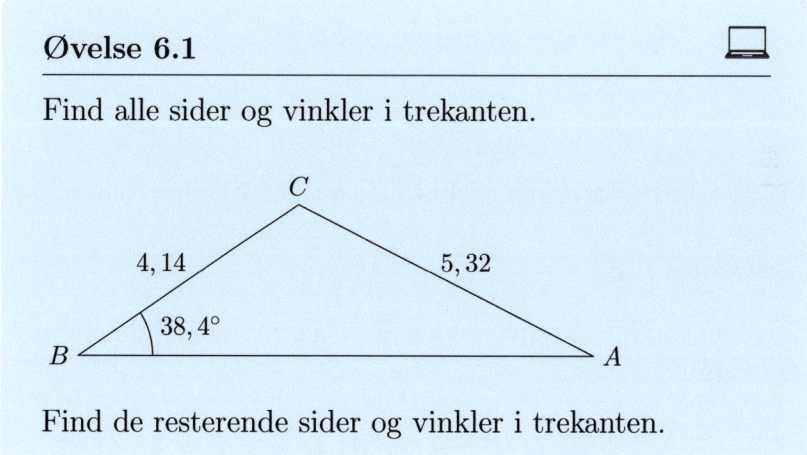

Find de resterende sider og vinkler i trekanten.

I stedet for at dele op i retvinklede trekanter, som du sikkert har gjort, kunne man have brugt sinusrelationerne.

Sætning 6.2. Sinusrelationerne

For enhver trekant ABC gælder $\frac{a}{\sin(A)} = \frac{b}{\sin(B)} = \frac{c}{\sin(C)}$

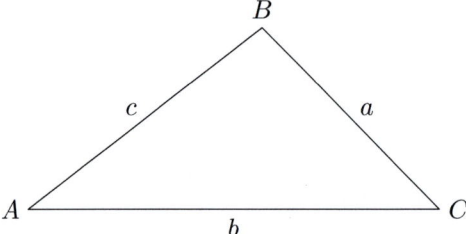

Vi viser sætningen, når vi har løst øvelse 6.1 vha. den.

Eksempel 6.3

Ifølge sinusrelationerne gælder der (læg mærke til denne mellemregning):

$$\frac{a}{\sin(A)} = \frac{b}{\sin(B)} \Leftrightarrow a\sin(B) = b\sin(A) \Leftrightarrow \sin(A) = \frac{a}{b}\sin(B)$$

Vi indsætter tallene fra øvelse 6.1 og får

$$\sin(A) = \frac{4{,}14}{5{,}32} \cdot \sin(38{,}4) = \underline{0,483}$$

I intervallet $]0°; 180°[$ har denne trigonometriske grundligning[9] løsningerne

$$A = \sin^{-1}(0,483) = 28,9° \text{ og } A = 180° - 28,9° = \underline{\underline{151,1°}}$$

---

[9]For at forstå det i detaljer se afsnit 4.1, specielt metode 4.5. Vi har her slækket lidt på kravet til at løse den trigonometriske grundligning $\sin(B) = 0,483$. Vi observerer nemlig, at vi i trekantsberegninger hver gang skal sætte $p = 0$, fordi vi kun leder efter løsninger i $]0°; 180°[$

Vi kasserer den stumpe vinkel, fordi vi kan se på skitsen, at A er spids[10]. Vi har altså, at $A = \underline{\underline{28,9°}}$

Nu får vi: $C = 180° - (28,9° + 38,4°) = \underline{\underline{112,7°}}$

Vi finder c vha. sinusrelationerne.

$$\frac{c}{\sin(C)} = \frac{a}{\sin(A)} \Leftrightarrow c = a \cdot \frac{\sin(C)}{\sin(A)} = 4,14 \cdot \frac{\sin(112,7°)}{\sin(38,9°)} = \underline{\underline{7,90}}$$

Bevis for sinusrelationerne. Vi vil bruge to forudsætninger:

1. **Kordeformlen**. Se på en cirkel med radius r. Hvis k er korde, som spænder over en cirkelbue på $v°$, så er kordens længde $k = 2r \sin\left(\frac{v°}{2}\right)$

2. **Gradtallet for en periferivinkel**. Gradtallet for en periferivinkel er halvt så stort som gradtallet for den cirkelbue, den spænder over.

Sætningen om gradtallet for en periferivinkel er kendt fra Gymnasiematematik, bind 2, *Geometri*. Vi vil først bevise kordeformlen og dernæst sinusrelationerne vha. de to forudsætninger.

---

[10]Se også eksempel 6.6. Hvis man ikke ud fra situationen kan afgøre om vinklen er stump eller spids, så er der to løsninger på problemet.

I en cirkel med radius r er længden af en korde k, som spænder over en cirkelbue på $v°$, givet ved $k = 2r \sin\left(\frac{v°}{2}\right)$

Bevis: Vi deler trekanten bestående af centervinklen v og korden k op i to ens retvinklede trekanter som vist på figuren.

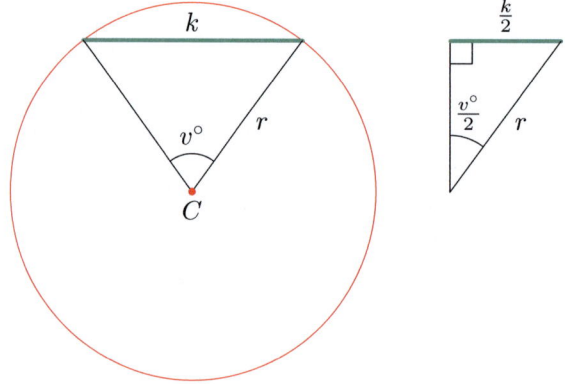

Så får vi uden videre, at $k = 2r \sin\left(\frac{v°}{2}\right)$

Sætningen er vist.

Læg mærke til at resultatet fås også ved at benytte supplementbuen på $360° - v°$

Bevis for sinusrelationerne: Vi skal vise $\frac{a}{\sin(A)} = \frac{b}{\sin(B)} = \frac{c}{\sin(C)}$

Indtegn nu trekant ABC's omskrevne cirkel som vist[11].

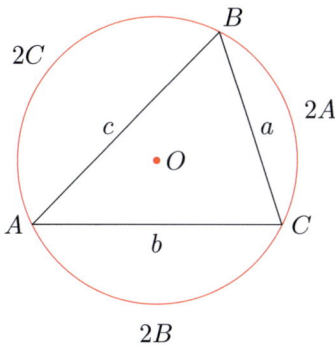

Lad radius i den omskrevne cirkel være R.

Nu er $\triangle ABC$'s sider korder i cirklen, og trekantens vinkler A, B og C er periferivinkler i den omskrevne cirkel.

Derfor er $\angle BOC = 2A$, $\angle AOC = 2B$ og $\angle AOB = 2C$

Ifølge kordeformlen gælder der

$a = 2R\sin\left(\frac{2A}{2}\right) = 2R\sin(A) \Leftrightarrow \frac{a}{\sin(A)} = 2R$

Tilsvarende er $\frac{b}{\sin(B)} = 2R$ og $\frac{c}{\sin(C)} = 2R$

Dermed får vi $\frac{a}{\sin(A)} - \frac{b}{\sin(B)} - \frac{c}{\sin(C)} - 2R$

Sinusrelationerne er vist, og læg i øvrigt mærke til at vi faktisk har vist mere end lovet, nemlig at forholdets værdi er $2R$

---

[11]Den omskrevne cirkel har centrum i skæringspunktet for sidernes midtnormaler, se Gymnasiematematik, bind 2, *Geometri*.

Eksempel 6.5. Bestemmelse af side

Lad trekant ABC være givet, så $A = 30°$, $B = 40°$ og $c = 7$

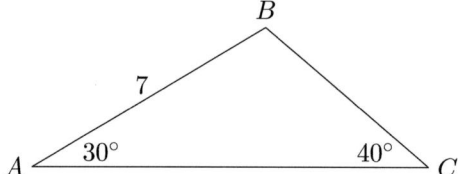

Vi finder siden a vha. sinusrelationerne.

$$\frac{a}{\sin(A)} = \frac{c}{\sin(C)} \Leftrightarrow a = c \cdot \frac{\sin(A)}{\sin(C)} = 7 \cdot \frac{\sin(30°)}{\sin(40°)} = \underline{\underline{5,445}}$$

Eksempel 6.6. Bestemmelse af vinkel

Vi ser på trekant ABC med $A = 30°$, $a = 5$ og $b = 9$
Som vist er der TO løsninger. Se NØJE på tegningerne.

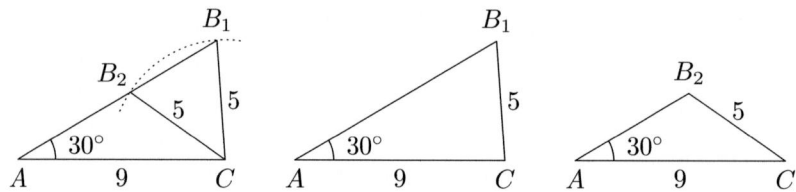

Vi finder vinkel B vha. sinusrelationerne.

$$\begin{aligned}
\frac{a}{\sin(A)} &= \frac{b}{\sin(B)} & \Leftrightarrow \\
a\sin(B) &= b\sin(A) & \Leftrightarrow \\
\sin(B) &= \tfrac{b}{a}\sin(A) & \Leftrightarrow \\
\sin(B) &= \tfrac{9}{5}\cdot\sin(30°) & \Leftrightarrow \\
\sin(B) &= \underline{0,9}
\end{aligned}$$

Den trigonometriske grundligning $\sin(B) = 0,9$ har to løsninger[12] i intervallet $]0°; 180°[$; nemlig $B_1 = \sin^{-1}(0.9) = \underline{64,16°}$

og $B_2 = 180° - 64,16° = \underline{\underline{115,84°}}$

Øvelse 6.7

Find de øvrige sider og vinkler i trekanterne

1. I $\triangle ABC$ er $\angle A = 23°$, $\angle B = 31°$ og $c = 8,56$

2. I $\triangle KFS$ er $\angle K = 25°$, $\angle F = 120°$ og $k = 7$

6.2. Cosinusrelationerne

Sætning 6.8. Cosinusrelationerne, sider

Lad en vilkårlig trekant ABC være givet. Da gælder

1. $a^2 = b^2 + c^2 - 2bc\cos(A)$

2. $b^2 = a^2 + c^2 - 2ac\cos(B)$

3. $c^2 = a^2 + b^2 - 2ab\cos(C)$

---

[12]Se evt. afsnit 4.1 for en grundig løsning.

Bevis, tilfælde 1. Vi viser 1. $a^2 = b^2 + c^2 - 2bc\cos(A)$
(De andre to relationer kan bevises på samme måde).

Se på $\triangle ABC$

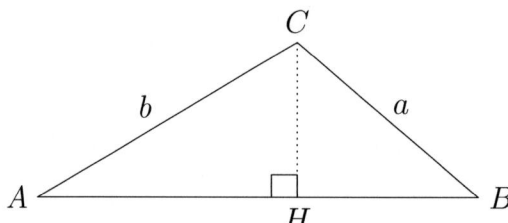

Nedfæld først højden fra C. Dens fodpunkt kaldes H. Vi vil finde kvadratet på siden a vha. Pythagoras' sætning.

Da $\triangle ACH$ er retvinklet, gælder der

$$\sin(A) = \frac{|CH|}{b} \Leftrightarrow |CH| = b\sin(A)$$

Tilsvarende får vi

$$\cos(A) = \frac{|AH|}{b} \Leftrightarrow |AH| = b\cos(A)$$

Dermed er $|HB| = |AB| - |AH| = c - b\cos(A)$

Nu bruger vi som lovet Pythagoras' sætning på ΔCHB

$$
\begin{aligned}
a^2 &= |CH|^2 + |HB|^2 \\
&= (b\sin(A))^2 + (c - b\cos(A))^2 \\
&= b^2 \sin^2(A) + c^2 + b^2 \cos^2(A) - 2bc\cos(A) \\
&= b^2(\sin^2(A) + \cos^2(A)) + c^2 - 2bc\cos(A) \\
&= b^2 + c^2 - 2bc\cos(A)
\end{aligned}
$$

Undervejs brugte vi, at $\sin^2(A) + \cos^2(A) = 1$

Har vi nu vist cosinusrelationerne?

Svaret er nej, for det er jo ikke sikkert, at højdens fodpunkt H ligger mellem A og B. Der er fem tilfælde:

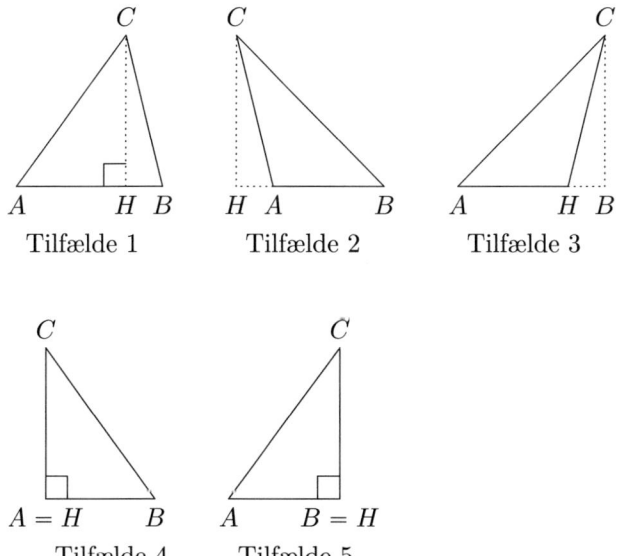

Tilfælde 1   Tilfælde 2   Tilfælde 3

Tilfælde 4   Tilfælde 5

55

Tilfælde 1. *H* falder på *AB* mellem *A* og *B*
Her er cosinusrelationerne allerede vist (se ovenfor).

Tilfælde 2. *H* falder på *AB*'s forlængelse ud over *A*
Vi ønsker at finde kvadratet på siden a og gør det ved at anvende Pytagoras' sætning på $\triangle CHB$ (se tegningen).

Derfor må vi først finde længderne $|CH|$ og $|HB|$

Af $\triangle ACH$, hvor $\angle H = 90°$, får vi

$$\sin(180° - A) = \frac{|CH|}{b} \Leftrightarrow |CH| = b\sin(180° - A) = b\sin(A)$$

og

$$\cos(180° - A) = \frac{|AH|}{b} \Leftrightarrow |AH| = b\cos(180° - A) = -b\cos(A)$$

Nu er altså

$$|CH| = b\sin(A) \text{ og } |HB| = |AB| + |AH| = c - b\cos(A)$$

Resten af beviset kører som i tilfælde 1.

Øvelse 6.9

Vis at cosinusrelationerne gælder i tilfælde 3 (*H* falder på *AB*'s forlængelse ud over *B*), tilfælde 4 (*H* falder i *A*) og tilfælde 5 (*H* falder i *B*).

Eksempel 6.10. Bestemmelse af side

Se på den viste trekant.

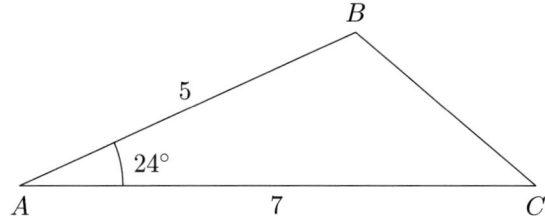

Vi finder siden a vha. cosinusrelationerne.

$$
\begin{aligned}
a^2 &= b^2 + c^2 - 2bc\cos(A) \quad\quad\Rightarrow\\
a &= \sqrt{b^2 + c^2 - 2bc\cos(A)}\\
&= \sqrt{7^2 + 5^2 - 2\cdot 7\cdot 5\cdot\cos(24°)}\\
&= \underline{\underline{3,17}}
\end{aligned}
$$

Eksempel 6.11. Bestemmelse af vinkel

Se på den viste trekant.

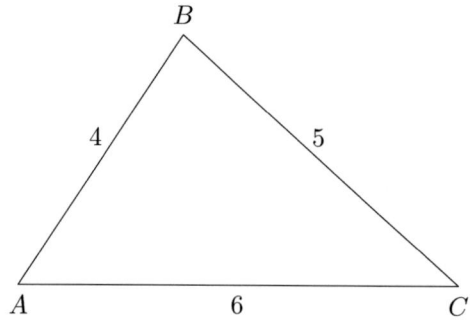

Vi finder vinkel A vha. cosinusrelationerne og derfor isolerer vi først $\cos(A)$

$$
\begin{aligned}
a^2 &= b^2 + c^2 - 2bc\cos(A) &\Leftrightarrow \\
a^2 + 2bc\cos(A) &= b^2 + c^2 &\Leftrightarrow \\
2bc\cos(A) &= b^2 + c^2 - a^2 &\Leftrightarrow \\
\cos(A) &= \tfrac{b^2+c^2-a^2}{2bc}
\end{aligned}
$$

Dernæst indsætter vi tallene

$$\cos(A) = \tfrac{6^2+4^2-5^2}{2\cdot6\cdot4} = \underline{0,5625}$$

Den trigonometriske grundligning $\cos(A) = 0,5625$ skal løses[13] i intervallet $]0°; 180°[$

Her er der kun en løsning, nemlig $A = \cos^{-1}(0,5625) = \underline{\underline{55,77°}}$

---

[13]Se afsnit 4.2 for en grundig løsning.

Af den grund bruger vi cosinusrelationerne (frem for sinusrelationerne) hvis muligt til at bestemme vinkler med.

Ovenfor isolerede vi $\cos(A)$. Det er en fordel at lære formlerne for bestemmelse af vinkel vha. cosinusrelationerne udenad og bruge dem direkte.

Sætning 6.12. Cosinusrelationerne, vinkler

1. $\cos(A) = \frac{b^2+c^2-a^2}{2bc}$

2. $\cos(B) = \frac{a^2+c^2-b^2}{2ac}$

3. $\cos(C) = \frac{a^2+b^2-c^2}{2ab}$

Eksempel 6.13. Bestemmelse af vinkel vha. cosinusrel.

I praksis vil vi ikke gå så grundigt frem som i eksempel 6.11.

I ΔABC, med $a = 5$, $b = 6$ og $c = 4$, får vi

$$A = \cos^{-1}\left(\frac{b^2+c^2-a^2}{2bc}\right) = \cos^{-1}\left(\frac{6^2+4^2-5^2}{2\cdot6\cdot4}\right) = \underline{\underline{55,77^\circ}}$$

Øvelse 6.14

Find alle sider og vinkler i ΔABC, når $A = 32^\circ$, $b = 8$ og $c = 11$.

Øvelse 6.15

Opskriv cosinusrelationerne for ΔPQR

6.3. De seks trekantstilfælde

Vi kan bruge sinus- og cosinusrelationerne til at finde en trekants manglende sider og vinkler. De seks *trekantstilfælde* er en udtømmende beskrivelse af de situationer, der kan opstå. Løs opgaverne grundigt.

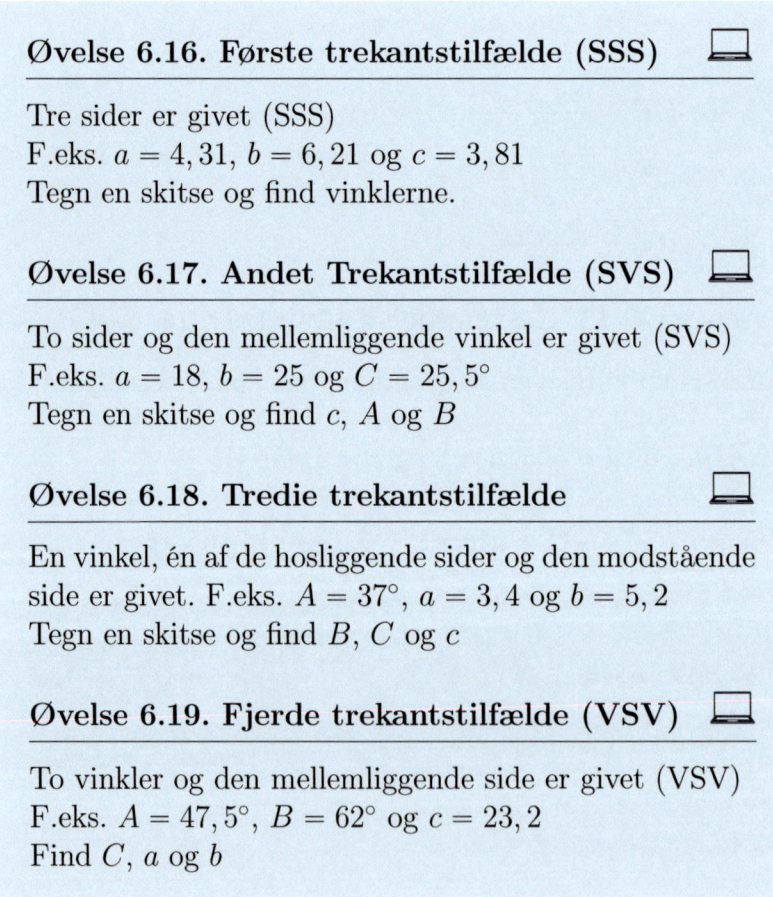

Øvelse 6.16. Første trekantstilfælde (SSS)

Tre sider er givet (SSS)
F.eks. $a = 4,31$, $b = 6,21$ og $c = 3,81$
Tegn en skitse og find vinklerne.

Øvelse 6.17. Andet Trekantstilfælde (SVS)

To sider og den mellemliggende vinkel er givet (SVS)
F.eks. $a = 18$, $b = 25$ og $C = 25,5°$
Tegn en skitse og find c, A og B

Øvelse 6.18. Tredie trekantstilfælde

En vinkel, én af de hosliggende sider og den modstående side er givet. F.eks. $A = 37°$, $a = 3,4$ og $b = 5,2$
Tegn en skitse og find B, C og c

Øvelse 6.19. Fjerde trekantstilfælde (VSV)

To vinkler og den mellemliggende side er givet (VSV)
F.eks. $A = 47,5°$, $B = 62°$ og $c = 23,2$
Find C, a og b

Øvelse 6.20. Femte trekantstilfælde

En side, en af de hosliggende vinkler og den modstående vinkel er givet. F.eks. $b = 10$, $A = 60°$ og $B = 60°$
Find C, a og c

Øvelse 6.21. Sjette trekantstilfælde

De tre vinkler er givet(VVV). F.eks.

1. $A = 23°$, $B = 77°$ og $C = 80°$

2. $A = 50°$, $B = 60°$ og $C = 80°$

Find i de to tilfælde a, b og c

Læg mærke til at antallet af givne vinkler vokser ned gennem rækken af tilfælde, mens antallet af givne sider falder tilsvarende.

Facitliste over de seks trekantstilfælde ovenfor

6.16. $A = \underline{\underline{43,18°}}$, $B = \underline{\underline{99,59°}}$ og $C = \underline{\underline{37,23°}}$

6.17. $c - \underline{\underline{11,69}}$, $A = \underline{\underline{41,52°}}$ og $B = \underline{\underline{112,98°}}$

6.18. Vi tegner først

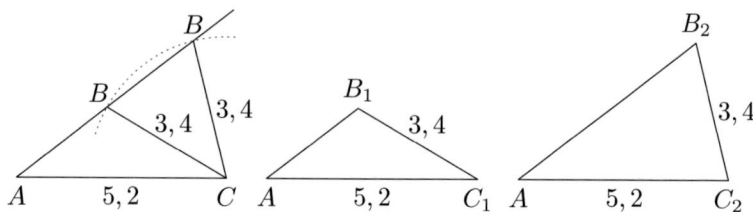

og løser ved brug af sinusrelationerne

$$\frac{a}{\sin(A)} = \frac{b}{\sin(B)} \quad \Leftrightarrow$$
$$a\sin(B) = b\sin(A) \quad \Leftrightarrow$$
$$\sin(B) = \frac{b\sin(A)}{a} \quad \Leftrightarrow$$
$$\sin(B) = \frac{5{,}2\sin(37°)}{3.4} \quad \Leftrightarrow$$
$$\sin(B) = 0.92$$

Ligningen $\sin(B) = 0,92$ har to løsninger i $]0°; 180°[$, nemlig $B_1 = \underline{\underline{66,99°}}$ og $B_2 = \underline{\underline{113,01°}}$

Tilfælde 1. $B_1 = 66,99°$. Vi får

$$C_1 = 180° - (A + B_1) = \underline{\underline{76,01°}}$$
$$c_1 = \frac{a \cdot \sin(C_1)}{\sin(A)} = \frac{3{,}4 \cdot \sin(76{,}01°)}{\sin(37°)} = \underline{\underline{5,48}}$$

Tilfælde 2. $B_2 = 113,01°$. Vi får

$$C_2 = 180° - (A + B_2) = \underline{\underline{29,99°}}$$

$$c_2 = \frac{a \cdot \sin(C_2)}{\sin(A)} = \frac{3,4 \cdot \sin(29,99°)}{\sin(37°)} = \underline{\underline{2,82}}$$

6.19. $C = \underline{\underline{70,5°}}$, $a = \underline{\underline{18,15}}$, og $b = \underline{\underline{21,73}}$

6.20. Da vi kender to af vinklerne, kender vi <u>alle</u> vinklerne og desuden kender vi en side. Sinusrelationerne klarer altså problemet nøjagtig som under 4. I den konkrete opgave er alle vinkler <u>60°</u>, så trekanten er ligesidet. Dermed har alle siderne længden <u>10</u>. Udregning er overflødig.

6.21. I tilfældet 1. er der uendeligt mange løsninger. Vinkelsummen er 180°. De tre vinkler bestemmer kun trekantens form, men der er uendeligt mange ligedannede (ensvinklede) trekanter med denne form. To vilkårlige af disse trekanter kan altså ved en passende forstørrelsesfaktor føres over i hinanden.

I tilfældet 2. er vinkelsummen 190°. Der findes ingen plane trekanter, som opfylder dette.

7. Arealet af en trekant

Arealet af en trekant kan bestemmes på flere måder:

Sætning 7.1. Arealet af en trekant

1. Arealet af en trekant er det halve produkt af en vilkårlig højde og dens tilhørende grundlinje. Altså: $A = \frac{1}{2} \cdot h \cdot g$

2. Arealet af en trekant kan findes som produktet mellem to af trekantens sider og sinus til vinklen mellem dem. For $\triangle ABC$ er $T = \frac{1}{2}ab\sin(C) = \frac{1}{2}ac\sin(B) = \frac{1}{2}bc\sin(A)$

3. Herons formel. Arealet af en trekant kan findes som kvadratroden af produktet af den halve omkreds og differenserne mellem den halve omkreds og hver af siderne. For $\triangle ABC$ er $T = \sqrt{s(s-a)(s-b)(s-c)}$, hvor $s = \frac{1}{2}(a+b+c)$ er den halve omkreds.

Bevis:

1. At $T = \frac{1}{2}hg$ er allerede vist i *Gymnasiematematik, bind 2, Geometri.*

2. Vi kan uden tab af generalitet nøjes med at vise, at $T = \frac{1}{2}ab\sin(C)$. Der må deles op i tilfælde:

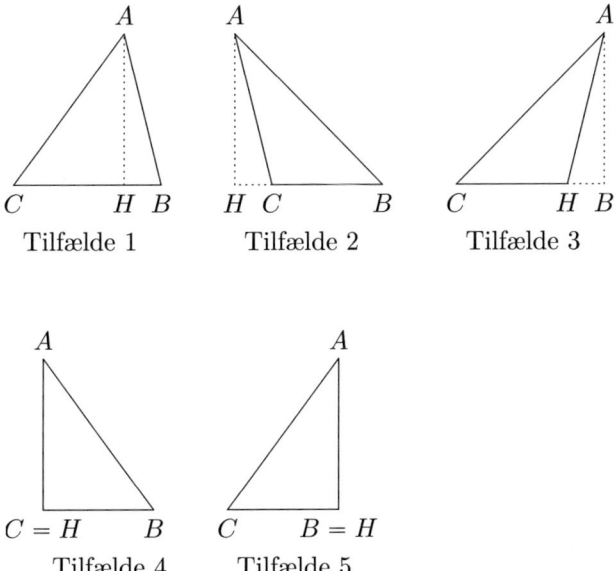

Tilfælde 1   Tilfælde 2   Tilfælde 3

Tilfælde 4   Tilfælde 5

Vi har allerede fra 1., at $T = \frac{1}{2}hg$. I tilfældene 1-5 er grundlinjen a. Vis selv i alle tilfældene, at højden h kan findes $h = b \cdot \sin(C)$.

3. At $T = \sqrt{s(s-a)(s-b)(s-c)}$, hvor $s = \frac{1}{2}(a+b+c)$ er allercde vist i *Gymnasiematematik, bind 2, Geometri.* Der er endnu et bevis i appendiks 10.1, hvor vi også generaliserer til bestemmelse af arealet af en firkant.

Øvelse 7.2

Bevis sinusrelationerne ud fra
$\frac{1}{2}ab\sin(C) = \frac{1}{2}ac\sin(B) = \frac{1}{2}bc\sin(A)$

Øvelse 7.3

Tre cirkler med radius 7 rører hinanden to og to. Bestem arealet mellem cirklerne[a].

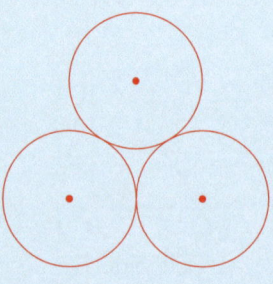

Øvelse 7.4

Figurerne herunder viser begge en cirkel med radius 1.

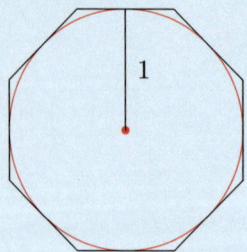

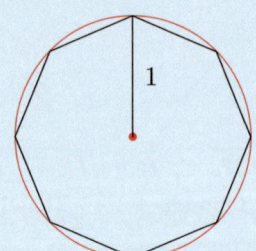

Giv en vurdering af π

1. ved at beregne arealerne af ottekanterne.

2. ved at beregne omkredsene af ottekanterne.

---

[a]Denne og næste øvelse er taget fra [4] Crone og Rosenquist, *Matematiske Elementer 1, Opgaver.*

8. Additionsformlerne

Sætning 8.1. Additionsformler

For alle $u, v \in \mathbb{R}$ gælder

1. $\sin(u + v) = \sin(u)\cos(v) + \cos(u)\sin(v)$

2. $\cos(u + v) = \cos(u)\cos(v) - \sin(u)\sin(v)$

Bevis: Vi giver ikke et generelt bevis for additionsformlerne for sinus og cosinus, idet vi forudsætter, at u og v er spidse vinkler[14].

Vi ser på en trekant som vist på figuren.

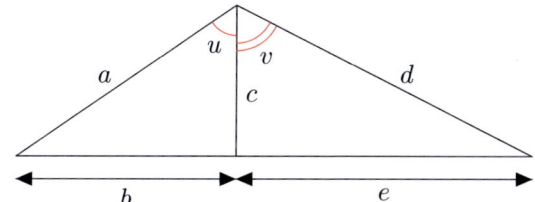

Bevis nu selv formlerne ved at løse øvelsen på næste side.

---

[14]I *Gymnasiematematik, bind 9, Vektorer* er der et generelt bevis.

Øvelse 8.2. Bevis for additionsformlerne

1. Vis ved at beregne arealet af trekanten på to måder at $ad\sin(u + v) = ac\sin(u) + dc\sin(v)$

2. Vis additionsformlerne for sinus ved at dividere med ad på begge sider af lighedstegnet.

3. Vis vha. cosinusrelationerne at
$$e^2 + b^2 + 2eb = a^2 + d^2 - 2ad\cos(u + v)$$

4. Vis ud fra 3. og Pythagoras' sætning at
$$eb = c^2 - ad\cos(u + v)$$

5. Vis ved at trække c^2 fra og dernæst dividere med ad, at additionsformlen for cosinus er opfyldt.

Øvelse 8.3

1. Vis formlen for sinus til den dobbelte vinkel
$$\sin(2u) = 2\sin(u)\cos(u)$$

2. Vis formlen for cosinus til den dobbelte vinkel
$$\begin{aligned} \cos(2u) &= \cos^2(u) - \sin^2(u) \\ &= 2\cos^2(u) - 1 \\ &= 1 - 2\sin^2(u) \end{aligned}$$

Udfordring 8.4

Opskriv og vis formler for $\sin(3u)$ og $\cos(3u)$

9. Opgaver

9.1. Matematiske problemer

Øvelse 9.1. Ligebenet trekant

Beregn vinklerne i en ligebenet trekant, hvor de to lige lange sider har længderne $5,2$cm, og den sidste side har længden 3cm.

Øvelse 9.2. Koordinatsystem

I et koordinatsystem er tre punkter $A(4,3)$, $B(-2,5)$ og $C(0,-6)$ givet. Find alle sider og vinkler i trekanten.

Øvelse 9.3. Brug af sinusrelationerne

I $\triangle ABC$ er $\angle A = 31,2°$, $a = 3$cm og $b = 4,8$cm.

1. Tegn en skitse som viser, at der er TO trekanter, der opfylder de givne betingelser.

2. Find vinklerne B og C i de to trekanter.

Øvelse 9.4. Trapez

I et trapez $ABCD$ med areal $29,40$cm^2 er $\angle A = 60°$, afstanden mellem de parallelle sider AB og CD er $4,2$cm, og differensen mellem de parallelle sider er 5cm. Beregn trapezens ubekendte sider og vinkler.

Udfordring 9.5. Regulære n-kanter

Bestem, hvis du kan, sidelængden i de regulære n-kanter således, at de alle får en "højde" på 10cm.

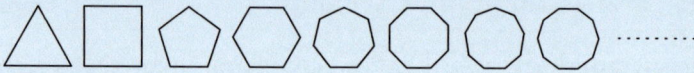

Øvelse 9.6. 5-kant

Find alle femkantens sider og vinkler.

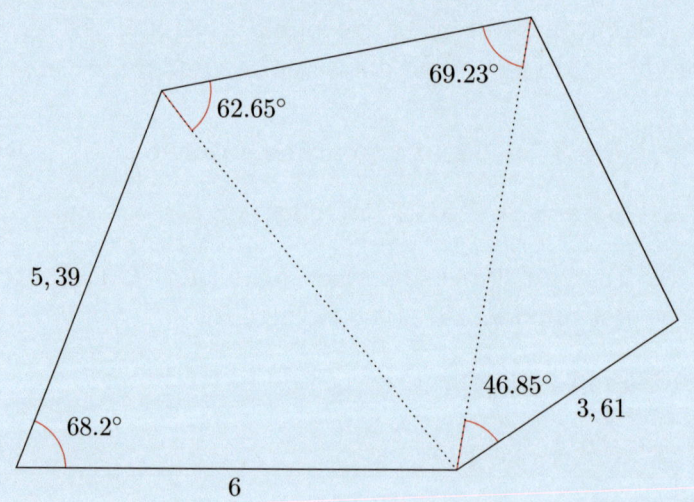

Øvelse 9.7. Arealet af et cirkeludsnit

Betragt en cirkel med radius r.

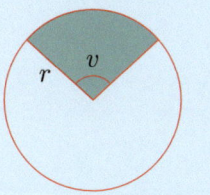 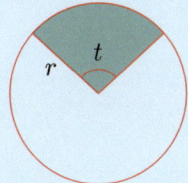

Vis at arealet af et cirkeludsnit er

1. $A = \frac{v}{360°} \cdot \pi r^2$, hvis centervinklen v måles i grader.

2. $A = \frac{1}{2}tr^2$, hvis centervinklen t måles i radian.

Øvelse 9.8. Arealet af et cirkelafsnit

Betragt en cirkel med radius r.

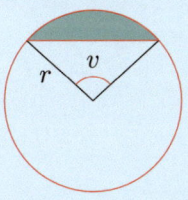 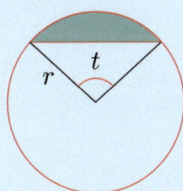

Vis at arealet af et cirkelafsnit er

1. $A = \frac{\pi v - 180° \sin(v)}{360°} \cdot r^2$, hvis v måles i grader.

2. $A = \frac{1}{2}r^2(t - \sin(t))$, hvis t måles i radian.

Øvelse 9.9

I trekant ABC er AH højden fra A.

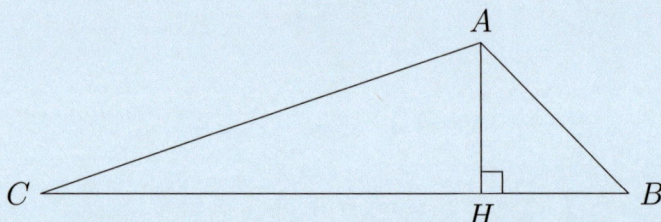

Det oplyses, at $|BH| = |AH| = 4$ og at $|AC| = 20$

1. Beregn de manglende sider og vinkler i trekant ABC

2. Beregn arealet af trekant ABC

3. En linje m, der er parallel med BC, deler trekant ABC i to figurer med lige store arealer.
   Beregn afstanden mellem m og BC

9.2. Anvendelser

Øvelse 9.10. Drager

En drage i en 650m lang snor står i en vinkel på 32° i forhold til jordens overflade. Hvor højt er dragen oppe?[a]

Øvelse 9.11. Sygeleje

En patient skal ligge på et leje, der hælder 15°, for at kunne lave visse vejrtrækningsøvelser, som forebyggelse mod bronchitis og astma. Hvis lejet er 2,0m langt, hvor meget skal da den ene ende af lejet hæves?

Øvelse 9.12. Højden af et tårn

Med en såkaldt sekstant, et gammelt navigationsinstrument, konstaterer man, at et tårn på 50 meters afstand ses under en vinkel på 67°. Beregn tårnets højde[b].

Øvelse 9.13. Meterstok

En projektør lyser vinkelret på en væg, en meterstok danner en skygge på væggen. Skyggen er 0,87m lang. Hvilken vinkel danner meterstokken med væggen?

---

[a]En del af disse opgaver er fra [5] Jens Pilegaard Hansen, *Vektorregning*.

[b]Denne og næste opgave er fra [4] Crone og Rosenquist, *Matematiske elementer 1*, opgaver s. 47

Øvelse 9.14. Fly

Ved et flys opstigning danner hastighedsvektoren en vinkel på 10° med horisonten. Højdemåleren viser en højdeforøgelse på 160m på 5 sekunder. Bestem flyets fart i enheden $\frac{km}{h}$

Øvelse 9.15. Gynge

En gynge hænger i et 2,8m langt reb.
Når gyngen hænger lodret er den 0,5m over jorden.
Hvor højt kommer den over jorden, når den svinger 50° ud fra lodret stilling?

Øvelse 9.16. Højden af en flagstang

Hvor høj er flagstangen, når $v = 18°$ og $w = 30°$?

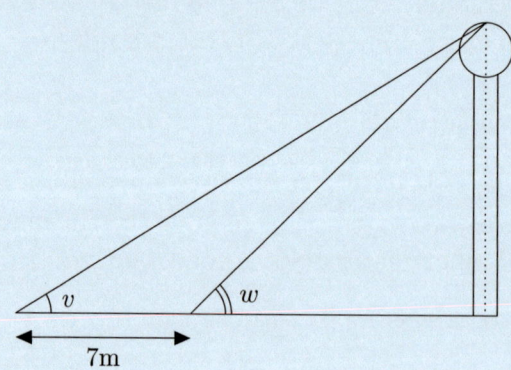

Øvelse 9.17. Roning i flod

En mand kan i stillestående vand ro $2,4\frac{m}{s}$. Han vil ro over en flod, hvor vandet strømmer med en fart på $1,6\frac{m}{s}$. I hvilken retning skal han ro for at komme vinkelret over floden?

Udfordring 9.18. Urværk

På et klassisk urværk er monteret en elegant urskive udformet som et rektangel, hvor klokken 1 står i øverste højre hjørne[a].

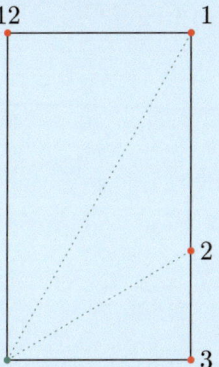

Afstanden mellem markeringerne for kl. 12 og for kl. 1 målt langs kanten af rektanglet er 1. Find den eksakte værdi for afstanden mellem markeringerne for kl. 1 og kl. 2.

---

[a]Georg Mohr 1. runde 2009.

Øvelse 9.19. Flagstang

På toppen af en bakke er anbragt en flagstang med højden 24m. Fra et punkt P, som ligger 20,4m over havets overflade, er vinklen mellem den vandrette plan og sigtelinjerne til flagstangens øverste og nederste punkt, der begge ligger højere end P, hhv. $8,25°$ og $6,29°$. Beregn afstanden fra P til flagstangens fodpunkt og dets højde over havet (svar: 1016m og 142,6m).

Øvelse 9.20. Højspændingsmast

Et gitter til en højspændingsmast er opbygget af stålprofiler som vist på figuren.[a]

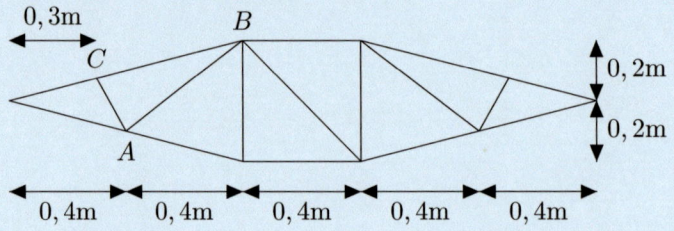

1. Beregn længden af stangen AB.

2. Beregn længden af stangen AC.

3. Beregn den samlede længde af det profiljern, som gitteret består af.

[a]Eksamensopgave 3 i matematik på B-niveau, 1993, HTX

Øvelse 9.21. Tagkonstruktion

Vi ser på en gitterbygning fra en tagkonstruktion.
Alle mål er angivet i meter[a].

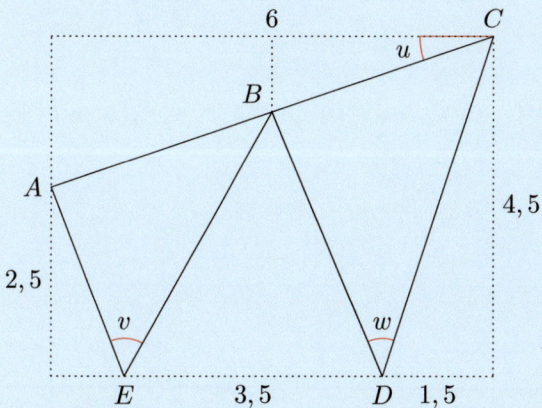

1. Bestem vinklerne u, v og w

2. Bestem længden af gitterstykket fra A til E

3. Bestem længden af gitterstykket fra E til B

---

[a]Eksamensopgave 2 i matematik på B-niveau, Maj 2000, HTX

10. Appendiks

10.1. Herons formel - igen

Vi gengiver og beviser på ny Herons formel.

Sætning 10.1. Herons formel

Arealet af $\triangle ABC$ med halv omkreds $s = \frac{1}{2}(a + b + c)$ er
$T = \sqrt{s(s-a)(s-b)(s-c)}$

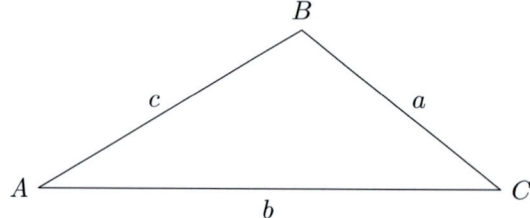

Bevis: Af cosinusrelationerne får vi $c^2 = a^2 + b^2 - 2ab\cos(C)$, eller $2ab\cos(C) = a^2 + b^2 - c^2$

Fra sætning 7.1 del 2 har vi

$T = \frac{1}{2}ab\sin(C)$ eller $2ab\sin(C) = 4T$

Vi adderer kvadraterne på de to resultater:

$$
\begin{aligned}
(2ab\cos(C))^2 \quad + \quad (2ab\sin(C))^2 \quad &= \quad 4a^2b^2 \\
(a^2 + b^2 - c^2)^2 \quad + \quad 16T^2 \quad &= \quad 4a^2b^2
\end{aligned}
$$

Heraf følger Herons formel:

$$
\begin{aligned}
4a^2b^2 &= (a^2 + b^2 - c^2)^2 + 16T^2 \Leftrightarrow \\
16T^2 &= 4a^2b^2 - (a^2 + b^2 - c^2)^2 \\
&= (2ab + a^2 + b^2 - c^2)(2ab - a^2 - b^2 + c^2) \\
&= ((a+b)^2 - c^2) \cdot (c^2 - (a-b))^2 \\
&= (a + b + c)(a + b - c) \cdot (c - a + b)(c + a - b) \\
&= 2s \cdot 2(s - c) \cdot 2(s - a) \cdot 2(s - b) \\
&= 16s(s - a)(s - b)(s - c)
\end{aligned}
$$

Nu får vi at $T^2 = s(s - a)(s - b)(s - c)$ og dermed

$$
T = \sqrt{s(s - a)(s - b)(s - c)}
$$

som ønsket.[15]

---

[15]Man kan finde andre beviser hos [6] William Dunham, *Journey through Genius*.

10.2. Generalisering til en firkant

En firkant med halv omkreds $s = \frac{1}{2}(a + b + c + d)$ har arealet

$$A = \sqrt{(s-a)(s-b)(s-c)(s-d) - abcd\cos^2\left(\tfrac{x+y}{2}\right)}$$

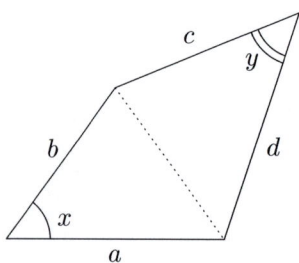

Bevis: Fra sætning 7.1, del 2, har vi $4A = 2ab\sin(x) + 2cd\sin(y)$

Cosinusrelationerne giver

$$a^2 + b^2 - 2ab\cos(x) = c^2 + d^2 - 2cd\cos(y)$$

eller

$$a^2 + b^2 - c^2 - d^2 = 2ab\cos(x) - 2cd\cos(y)$$

Additionsformlen for cosinus giver

$$\cos(2t) = \cos(t+t) = \cos^2(t) - \sin^2(t) = 2\cos^2(t) - 1$$

og dermed $1 + \cos(x+y) = 2\cos^2\left(\tfrac{x+y}{2}\right)$

Vi har nu

1. $4A = 2ab\sin(x) + 2cd\sin(y)$

2. $a^2 + b^2 - c^2 - d^2 = 2ab\cos(x) - 2cd\cos(y)$

3. $1 + \cos(x+y) = 2\cos^2\left(\frac{x+y}{2}\right)$

Vi kombinerer resultaterne:

$$
\begin{aligned}
(a^2 + b^2 - c^2 - d^2)^2 + 16A^2 \;&=\; 4a^2b^2 + 4c^2c^2 + \\
&\quad 8abcd\left(\sin(x)\sin(y) - \cos(x)\cos(y)\right) \quad \Leftrightarrow \\
16A^2 \;&=\; 4a^2b^2 + 4c^2d^2 - (a^2 + b^2 - c^2 - d^2)^2 \\
&\quad -8abcd\cos(x+y) \\
&=\; (2ab + 2cd)^2 - (a^2 + b^2 - c^2 - d^2)^2 \\
&\quad -8abcd(1 + \cos(x+y)) \\
&=\; (2ab + 2cd)^2 - (a^2 + b^2 - c^2 - d^2)^2 \\
&\quad -16abcd \cdot \cos^2\left(\frac{x+y}{2}\right)
\end{aligned}
$$

Vi omskriver leddet $(2ab + 2cd)^2 - (a^2 + b^2 - c^2 - d^2)^2$

$$
\begin{aligned}
(2ab + 2cd)^2 - (a^2 + b^2 - c^2 - d^2)^2 \;&=\; (2ab + 2cd + (a^2 + b^2 - c^2 - d^2)) \cdot \\
&\quad (2ab + 2cd - a^2 - b^2 + c^2 + d^2) \\
&=\; ((a+b)^2 - (c-d)^2) \cdot ((c+d)^2 - (a-b)^2) \\
&=\; (a + b + c - d)(a + b - c + d) \cdot \\
&\quad (c + d + a - b)(c + d - a + b) \\
&=\; 2(s-d)2(s-c)2(s-b)2(s-a)
\end{aligned}
$$

Nu er $16A^2 = 16(s-a)(s-b)(s-c)(s-d) - 16abcd\cos\left(\frac{x+y}{2}\right)$
og dermed

$$
A = \sqrt{(s-a)(s-b)(s-c)(s-d) - abcd\cos\left(\frac{x+y}{2}\right)}
$$

81

Bemærkning 10.2. Bramaguptas formel

Det maksimale areal opnås, når $\cos\left(\frac{x+y}{2}\right) = 0 \Leftrightarrow x+y = 180°$. I så fald er $A = \sqrt{(s-a)(s-b)(s-c)(s-d)}$. Dette er ensbetydende med, at firkanten er indskrivelig i en cirkel (se sætning 5.16. i Gymnasiematematik, bind 2, *Geometri*). Formlen kaldes i dette tilfælde Bramaguptas formel efter den indiske matematiker Bramagupta (598-630).

Bemærkning 10.3

Hvis vi sætter $d = 0$, så får vi Herons formel for arealet af en trekant. Vi betragter i så fald trekanten som en degenereret firkant.

10.3. Cosrel., sinrel. og Herons formel

Vi vil ud fra cosinusrelationerne vise sinusrelationerne og Herons formel.

Antag at cosinusrelationerne gælder.
Dvs. $a^2 = b^2 + c^2 - 2bc\cos(A)$ og dermed $\cos(A) = \frac{b^2+c^2-a^2}{2bc}$

Husk desuden at $\sin^2(A) + \cos^2(A) = 1$ (se øvelse 3.6).

Så har vi:

$$
\begin{aligned}
\sin^2(A) &= 1 - \cos^2(A) \\
&= 1^2 - \left(\frac{b^2+c^2-a^2}{2bc}\right)^2 \\
&= \left(1 + \frac{b^2+c^2-a^2}{2bc}\right) \cdot \left(1 - \frac{b^2+c^2-a^2}{2bc}\right) \\
&= \frac{2bc+b^2+c^2-a^2}{2bc} \cdot \frac{2bc-b^2-c^2+a^2}{2bc} \\
&= \frac{(b+c)^2-a^2}{2bc} \cdot \frac{a^2-(b-c)^2}{2bc} \\
&= \frac{(b+c+a)(b+c-a)\cdot(a+b-c)(a-b+c)}{4b^2c^2}
\end{aligned}
$$

Sæt nu $s = \frac{1}{2}(a + b + c)$ og dividér med a^2 på begge sider af lighedstegnet. Så fås:

$$
\begin{aligned}
\left(\frac{\sin(A)}{a}\right)^2 &= \frac{2s\cdot 2(s-a)\cdot 2(s-c)\cdot 2(s-b)}{4(abc)^2} \\
&= \frac{4s(s-a)(s-b)(s-c)}{(abc)^2}
\end{aligned}
$$

Dette udtryk er symmetrisk i a, b og c, så

$$\left(\frac{\sin(A)}{a}\right)^2 = \left(\frac{\sin(B)}{b}\right)^2 = \left(\frac{\sin(C)}{c}\right)^2$$

Men $\frac{\sin(A)}{a} > 0$, $\frac{\sin(B)}{b} > 0$ og $\frac{\sin(C)}{c} > 0$

Derfor har vi $\frac{\sin(A}{a} = \frac{\sin(B)}{b} = \frac{\sin(C)}{c}$

Herudfra får vi sinusrelationerne

$$\frac{a}{\sin(A)} = \frac{b}{\sin(B)} = \frac{c}{\sin(C)}$$

Bemærk at arealet af en trekant er $T = \frac{1}{2}bc\sin(A)$ og vi har at $\frac{\sin(A)}{a} = \frac{2\sqrt{s(s-a)(s-b)(s-c)}}{abc}$

Tilsammen giver disse to ligninger $T = \sqrt{s(s-a)(s-b)(s-c)}$

Dermed har vi endnu engang vist Herons formel.

10.4. Ptolemaios' sætning

Vi har allerede i *Gymnasiematematik, bind 2, Geometri* vist Ptolemaios' sætning. Vi viser nu vha. trigonometri.

Sætning 10.4. Ptolemaios' sætning

I en indskrivelig firkant er diagonalernes produkt lig med summen af de modstående siders produkter.

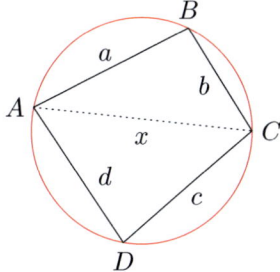

Lad firkant $ABCD$ være indskrevet i en cirkel. Navngiv firkantens sider som vist. Lad desuden $|AC| = x$ og $|BD| = y$
Så gælder $xy = ac + bd$

Bevis: Først[16] viser vi, at $x^2 = \frac{(ac+bd)(ad+bc)}{ab+cd}$ og $y^2 = \frac{(ac+bd)(ab+cd)}{ad+bc}$

Cosinusrelationerne giver

$$\cos(B) = \frac{a^2+b^2-x^2}{2ab} \text{ og } \cos(D) = \frac{c^2+d^2-x^2}{2cd}$$

Fra *Gymnasiematematik, bind 2, Geometri* ved vi, at i en indskrivelig cirkel er summen af to modstående vinkler $180°$

---

[16]Beviset er inspireret af [7] W.W. Sawyer, *Prelude to Mathematics,* pp 22-23.

Altså $B + D = 180°$

Derfor er $\cos(B) = -\cos(D)$ eller $\cos(B) + \cos(D) = 0$

Vi indsætter udtrykkene for hhv. $\cos(B)$ og $\cos(D)$

$$
\begin{aligned}
\cos(B) + \cos(D) &= 0 && \Leftrightarrow \\
\tfrac{a^2+b^2-x^2}{2ab} + \tfrac{c^2+d^2-x^2}{2cd} &= 0 && \Leftrightarrow \\
\tfrac{a^2+b^2-x^2}{2ab} &= \tfrac{x^2-c^2-d^2}{2cd} && \Leftrightarrow \\
a^2cd + b^2cd - x^2cd &= x^2ab - c^2ab - d^2ab && \Leftrightarrow \\
x^2(ab + cd) &= a^2cd + b^2cd + c^2ab + d^2ab \\
&= ac \cdot ad + bc \cdot bd + ac \cdot bc + ad \cdot bd \\
&= ac(ad + bc) + bd(ad + bc) \\
&= (ac + bd)(ad + bc)
\end{aligned}
$$

Herudfra får vi $x^2 = \frac{(ac+bd)(ad+bc)}{ab+cd}$ som ønsket.

Tilsvarende kan vi vise, at $y^2 = \frac{(ac+bd)(ab+cd)}{ad+bc}$

Nu er $x^2y^2 = \frac{(ac+bd)(ad+bc)}{ab+cd} \cdot \frac{(ac+bd)(ab+cd)}{ad+bc} = (ac + bd)^2$

Dermed er $xy = ac + bd$ og Ptolemaios' sætning er vist.

Øvelse 10.5

1. Vis med samme setup som i beviset for Ptolemaios' sætning, at $\frac{x}{y} = \frac{ad+bc}{ab+cd}$

2. Vis Pythagoras' sætning ud fra Ptolemaios' sætning. Hint: Brug et rektangel.

3. Vis cosinusrelationerne ud fra Ptolemaios' sætning. Hint: Brug et ligebenet trapez.

Man kan ud fra Ptolemaios' sætning bevise additionsformlerne for sinus og cosinus.

Sætning 10.6. Additionsformler

For alle $u, v \in \mathbb{R}$ gælder

1. $\sin(u + v) = \sin(u)\cos(v) + \cos(u)\sin(v)$

2. $\sin(u - v) = \sin(u)\cos(v) - \cos(u)\sin(v)$

3. $\cos(u + v) = \cos(u)\cos(v) - \sin(u)\sin(v)$

4. $\cos(u - v) = \cos(u)\cos(v) + \sin(u)\sin(v)$

Bevis: Lad en firkant $LMNS$ være indskrevet i enhedscirklen som vist

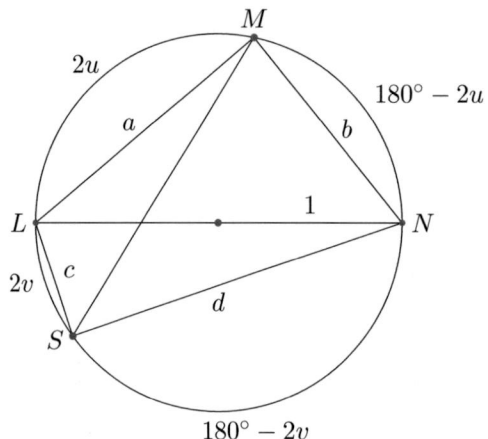

Vi finder alle korderne vha. kordeformlen $k = 2\sin(\frac{v°}{2})$

Vi får

$$
\begin{aligned}
|LN| &= x &&= 2 \\
|MS| &= y &&= 2\sin\left(\tfrac{2u+2v}{2}\right) &&= 2\sin(u+v) \\
|LM| &= a &&= 2\sin\left(\tfrac{2u}{2}\right) &&= 2\sin(u) \\
|MN| &= b &&= 2\sin\left(\tfrac{180°-2u}{2}\right) &&= 2\sin(90°-u) &&= 2\cos(u) \\
|LS| &= c &&= 2\sin\left(\tfrac{2v}{2}\right) &&= 2\sin(v) \\
|NS| &= d &&= 2\sin\left(\tfrac{180°-2v}{2}\right) &&= \sin(90°-v) &&= \cos(v)
\end{aligned}
$$

Nu bruger vi Ptolemaios' sætning:

$$
\begin{array}{ccccccccccc}
x & \cdot & y & = & a & \cdot & d & + & b & \cdot & c & \Leftrightarrow \\
2 & \cdot & 2\sin(u+v) & = & 2\sin(u) & \cdot & 2\cos(v) & + & 2\cos(u) & \cdot & 2\sin(v) &
\end{array}
$$

Vi dividerer med 4 på begge sider af lighedstegnet og får

$$\sin(u+v) = \sin(u)\cos(v) + \cos(u)\sin(v)$$

Ved erstatning af v med $-v$ fremkommer formlen

$$\sin(u-v) = \sin(u)\cos(v) - \cos(u)\sin(v)$$

fordi $\sin(-v) = -\sin(v)$ og $\cos(-u) = \cos(u)$

Hvis vi i stedet lader vinklerne være som vist på figuren

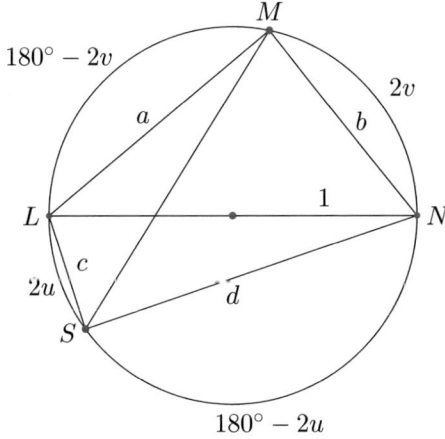

så får vi additionsformlerne for cosinus

$$
\begin{aligned}
|LN| \;&=\; x \;=\; 2 \\
|MS| \;&=\; y \;=\; 2\sin\left(\tfrac{(180°-2v)+2u}{2}\right) \;=\; 2\sin(90\circ-(v-u)) \;=\; \cos(u-v)\\
|LM| \;&=\; a \;=\; 2\sin\left(\tfrac{180°-2v}{2}\right) \qquad\;=\; \sin(90\circ-v) \qquad\quad\;=\; \cos(v)\\
|MN| \;&=\; b \;=\; 2\sin\left(\tfrac{2v}{2}\right) \qquad\qquad\;=\; 2\sin(v)\\
|LS| \;&=\; c \;=\; 2\sin\left(\tfrac{2u}{2}\right) \qquad\qquad\;=\; 2\sin(u)\\
|NS| \;&=\; d \;=\; 2\sin\left(\tfrac{180°-2u}{2}\right) \qquad\;=\; \sin(90°-u) \qquad\quad\;=\; \cos(u)
\end{aligned}
$$

Vi indsætter igen i Ptolemaios' sætning:

$$
\begin{array}{ccccccccccc}
x &\cdot& y &=& a &\cdot& d &+& b &\cdot& c &\;\Leftrightarrow\\
2 &\cdot& 2\cos(u-v) &=& 2\cos(u) &\cdot& 2\cos(u) &+& 2\sin(v) &\cdot& 2\sin(u)
\end{array}
$$

Vi dividerer med 4 på begge sider af lighedstegnet og får

$$
\cos(u-v) = \cos(u)\cos(v) + \sin(v)\sin(u)
$$

Ved erstatning af v med $-v$ fremkommer formlen

$$
\cos(u+v) = \cos(u)\cos(v) - \sin(v)\sin(u)
$$

Alle additionsformlerne er vist vha. Ptolemaios' sætning.

I øvrigt arbejdede Ptolemaios ved fremstillingen af sin korde-tabel ikke med sinusfunktionen, men i stedet med kordefunktionen korde$(2v) = 2\sin(v)$ og for ham var en *enhedscirkel* en cirkel med radius 60. De græske astronomer arbejdede nemlig i et positionssystem med grundtal 60, som de havde arvet fra babylonierne[17].

---

[17]Se nærmere i [2] Asger Aaboe, *Episoder fra matematikkens historie*, kapitel 4.

Litteratur

[1] Victor J. Katz,
The Curious History of Trigonometry.
The UMAP Journal, vol 11, No 4 (1990), pp 339-354.

[2] Asger Aaboe,
Episoder fra matematikkens historie.
Munksgaard (1966).

[3] Marianne Ibsen, Kim Svenningsen og Allan Tarp.
Programmerede opgaver i matematik med elevsvar.
GMT (1977).

[4] Crone og Rosenquist,
Matematiske Elementer 1, Opgaver.
Gyldendal 1986.

[5] Jens Pilegaard Hansen,
Vektorregning.
Fag ApS (1979).

[6] William Dunham,
Journey through Genius.
Wiley and Sons (1990).

[7] W.W. Sawyer,
Prelude to Mathematics.
Penguin Books (1955).

10.5. Oversigt

1. Eksakte værdier for sinus og cosinus og tangens

v	0	30	45	60	90	120	135	150	180	210
t	0	$\frac{\pi}{6}$	$\frac{\pi}{4}$	$\frac{\pi}{3}$	$\frac{\pi}{2}$	$\frac{2\pi}{3}$	$\frac{3\pi}{4}$	$\frac{5\pi}{6}$	π	$\frac{7\pi}{6}$
$\cos(t)$	1	$\frac{\sqrt{3}}{2}$	$\frac{\sqrt{2}}{2}$	$\frac{1}{2}$	0	$-\frac{1}{2}$	$-\frac{\sqrt{2}}{2}$	$-\frac{\sqrt{3}}{2}$	-1	$-\frac{\sqrt{3}}{2}$
$\sin(t)$	0	$\frac{1}{2}$	$\frac{\sqrt{2}}{2}$	$\frac{\sqrt{3}}{2}$	1	$\frac{\sqrt{3}}{2}$	$\frac{\sqrt{2}}{2}$	$\frac{1}{2}$	0	$-\frac{1}{2}$
$\tan(t)$	0	$\frac{\sqrt{3}}{3}$	1	$\sqrt{3}$	$--$	$-\sqrt{3}$	-1	$-\frac{\sqrt{3}}{3}$	0	$\frac{\sqrt{3}}{3}$

v	225	240	270	300	315	330	360	390	405	420
t	$\frac{5\pi}{4}$	$\frac{4\pi}{3}$	$\frac{3\pi}{2}$	$\frac{5\pi}{3}$	$\frac{7\pi}{4}$	$\frac{11\pi}{6}$	2π	$\frac{13\pi}{6}$	$\frac{9\pi}{4}$	$\frac{7\pi}{3}$
$\cos(t)$	$-\frac{\sqrt{2}}{2}$	$-\frac{1}{2}$	0	$\frac{1}{2}$	$\frac{\sqrt{2}}{2}$	$\frac{\sqrt{3}}{2}$	1	$\frac{\sqrt{3}}{2}$	$\frac{\sqrt{2}}{2}$	$\frac{1}{2}$
$\sin(t)$	$-\frac{\sqrt{2}}{2}$	$-\frac{\sqrt{3}}{2}$	-1	$-\frac{\sqrt{3}}{2}$	$-\frac{\sqrt{2}}{2}$	$-\frac{1}{2}$	0	$\frac{1}{2}$	$\frac{\sqrt{2}}{2}$	$\frac{\sqrt{3}}{2}$
$\tan(t)$	1	$\sqrt{3}$	$--$	$-\sqrt{3}$	-1	$-\frac{\sqrt{3}}{3}$	0	$\frac{\sqrt{3}}{3}$	1	$\sqrt{3}$

2. Vinkel mellem linje og x-aksen.
Sammenhængen mellem stigningstallet for en ret linje og dens vinkel med x-aksen er $a = \tan(v)$

3. Grundformler for sinus, cosinus og tangens

- $\cos(t + 2\pi) = \cos(t)$
- $\sin(t + 2\pi) = \sin(t)$
- $\tan(t + \pi) = \tan(t)$
- $\cos(-t) = \cos(t)$
- $\sin(-t) = -\sin(t)$
- $\cos(\pi - t) = -\cos(t)$

- $\sin(\pi - t) = \sin(t)$
- $\tan(t) = \frac{\sin(t)}{\cos(t)}$
- $\cos\left(\frac{\pi}{2} - t\right) = \sin(t)$
- $\sin\left(\frac{\pi}{2} - t\right) = \cos(t)$
- $\cos^2(t) + \sin^2(t) = 1$

4. **Additionsformlerne for sinus og cosinus**

   (a) $\sin(u+v) = \sin(u)\cos(v) + \cos(u)\sin(v)$

   (b) $\sin(u-v) = \sin(u)\cos(v) - \cos(u)\sin(v)$

   (c) $\cos(u+v) = \cos(u)\cos(v) - \sin(u)\sin(v)$

   (d) $\cos(u-v) = \cos(u)\cos(v) + \sin(u)\sin(v)$

5. **Formler for den dobbelte vinkel**

   (a) Sinus til den dobbelte vinkel
   $$\sin(2u) = 2\sin(u)\cos(u)$$

   (b) Cosinus til den dobbelte vinkel
   $$\begin{aligned}
   \cos(2u) &= \cos^2(u) - \sin^2(u) \\
   &= 2\cos^2(u) - 1 \\
   &= 1 - 2\sin^2(u)
   \end{aligned}$$

6. **Trigonometriske grundligninger**

   - **med sinus**

     (a) $\sin(t) = a \Leftrightarrow t = \begin{cases} \sin^{-1}(a) + p \cdot 2\pi, p \in \mathbb{Z} \\ \pi - \sin^{-1}(a) + p \cdot 2\pi, p \in \mathbb{Z} \end{cases}$

     (b) $\sin(v) = a \Leftrightarrow v = \begin{cases} \sin^{-1}(a) + p \cdot 360°, p \in \mathbb{Z} \\ 180° - \sin^{-1}(a) + p \cdot 360°, p \in \mathbb{Z} \end{cases}$

   - **med cosinus**

     (a) $\cos(t) = a \Leftrightarrow t = \begin{cases} \cos^{-1}(a) + p \cdot 2\pi, p \in \mathbb{Z} \\ -\cos^{-1}(a) + p \cdot 2\pi, p \in \mathbb{Z} \end{cases}$

     (b) $\cos(v) = a \Leftrightarrow v = \begin{cases} \cos^{-1}(a) + p \cdot 360°, p \in \mathbb{Z} \\ -\cos^{-1}(a) + p \cdot 360°, p \in \mathbb{Z} \end{cases}$

- **med tangens**

  (a) $\tan(t) = a \Leftrightarrow t = \tan^{-1}(a) + p \cdot \pi,\ p \in \mathbb{Z}$

  (b) $\tan(v) = a \Leftrightarrow t = \tan^{-1}(a) + p \cdot 180°,\ p \in \mathbb{Z}$

7. **Den retvinklede trekant**

- $\cos(v) = \dfrac{\text{den hosliggende katete}}{\text{hypotenusen}}$

- $\sin(v) = \dfrac{\text{den hinliggende katete}}{\text{hypotenusen}}$

- $\tan(v) = \dfrac{\text{den hinliggende katete}}{\text{den hosliggende katete}}$

- Vinkelsummen i en trekant er $180°$

- **Pythagoras' sætning.** $a^2 + b^2 = c^2$

8. **Den vilkårlige trekant**

- **Sinusrelationerne**

  $\dfrac{a}{\sin(A)} = \dfrac{b}{\sin(B)} = \dfrac{c}{\sin(C)}$ eller $\dfrac{\sin(A)}{a} = \dfrac{\sin(B)}{b} = \dfrac{\sin(C)}{c}$

- **Cosinusrelationerne**

  (a) $a^2 = b^2 + c^2 - 2bc\cos(A)$ eller $\cos(A) = \dfrac{b^2 + c^2 - a^2}{2bc}$

  (b) $b^2 = a^2 + c^2 - 2ac\cos(B)$ eller $\cos(B) = \dfrac{a^2 + c^2 - b^2}{2ac}$

  (c) $c^2 = a^2 + b^2 - 2ab\cos(C)$ eller $\cos(C) = \dfrac{a^2 + b^2 - c^2}{2ab}$

9. **Arealet af en trekant**

- $T = \frac{1}{2} \cdot h \cdot g$

- $T = \frac{1}{2}ab\sin(C) = \frac{1}{2}ac\sin(B) = \frac{1}{2}bc\sin(A)$

- $T = \sqrt{s(s-a)(s-b)(s-c)}$, hvor $s = \frac{1}{2}(a+b+c)$

10. **Areal af cirkeludsnit**

   - $A = \frac{v}{360°} \cdot \pi r^2$
   - $A = \frac{1}{2}tr^2$

11. **Areal af cirkelafsnit**

12. $A = \frac{\pi v - 180° \sin(v)}{360°} \cdot r^2$, hvis centervinklen v måles i grader.

13. $A = \frac{1}{2}r^2(t - \sin(t))$, hvis centervinklen t måles i radian.

Indeks